物来顺应

民族造园经验当代转换

刘向华 著

U0173427

图书在版编目（CIP）数据

物来顺应：民族造园经验当代转换 / 刘向华著．—北京：中国建筑工业出版社，2019.5
ISBN 978-7-112-23571-1

Ⅰ．①物…　Ⅱ．①刘…　Ⅲ．①民族文化—影响—建筑艺术—研究—中国　Ⅳ．①TU－862

中国版本图书馆CIP数据核字（2019）第061087号

责任编辑：吴　佳　吴　绫
版式设计：苏　畅
责任校对：赵　颖　王　烨

物来顺应　民族造园经验当代转换
刘向华　著
*
中国建筑工业出版社出版、发行（北京海淀三里河路9号）
各地新华书店、建筑书店经销
北京中科印刷有限公司印刷
*
开本：787×1092 毫米　1/16　印张：10　字数：200 千字
2020年1月第一版　2020年1月第一次印刷
定价：98.00 元
ISBN 978-7-112-23571-1
(33737)
版权所有　翻印必究
如有印装质量问题，可寄本社退换
（邮政编码 100037）

前言

这世间的路有很多条，走路的方式也有很多种，同样遇着条沟，能跨的选择跨过去，跨不过去的爬过去，不敢爬的搭桥过去。为了寻求栖居之所，一心征服自然的现代人用钢筋混凝土造高楼大厦，而中华民族的传统营造则有“物来顺应”的经验，例如山区林地就地取材因形就势的竹木架构，黄土高原的窑洞，南方稻作区土坯砌筑的农舍，逐水草而居的西北牧民拆装移动的帐篷，等等。

“物来顺应”最早见诸佛学典籍“持行者当善自护念其心，如镜照物，物来则应，物去则休。”大儒程颢说：“夫天地之常，以其心普万物而无心；圣人之常，以其情顺万物而无情。故君子之学，莫若廓然而大公，物来而顺应。”《朱子语类》卷七四有“‘物来顺应’者，简也。”《曾胡治兵语录》有“灵明无着，物来顺应，未来不迎，当时不杂，即过不恋”，灵光与神明存在于世间却又不附着在任何事物之上，对于任何事物的发生和出现都不必惊慌逃避，而是顺其自然；未来不可控制就不必担忧，过去无法挽回则无需留恋，故要活在当下。可见，“物来顺应”要义在“顺其自然，活在当下”。因地制宜而不求原物长存的中华民族传统营造经验深刻地体现了“物来顺应”。

相对于“征服自然”的人类高贵而耗费不菲，“物来顺应”的生命卑微但成本低廉。亦此亦彼，这个世界的真理或许只存在于悖论中。在主观愿望上人们当然倾向主张人的尊严，而叔本华说：唯有卑贱的是无往而不胜的。如果拉长时间尺度，例如五千年或一万年，人们或许会发现叔本华所言非虚。作为一个物种在这世间的存在，我们看看自己吃的饭，就知道历史的核心就是填饱肚子；看看自己的排泄物，就明白这个世界上没有乌托邦。历史告诉我们征服自然最终会不可避免地变成某些人对另一些人的征服，而自然则沦为了征服绝大多数人的工具。并且一心要征服自然的人类现代文明正面临着环境污染资源枯竭而不可持续的困境，当确认地球年平均气温升高几度就要了所有人命的时候，现代人类应当掂量掂量其一心要征服自然的这份高贵，地球是否负担得起，这是一个现实。山外有山，人外有人，这也是一个现实。这大千世界若搞得只剩下唯一标准真理未免过于简陋，况且真理本身也覆盖不了自由，普世价值很好但并不意味着就得否定其他的价值，袒露生命卑微而“物来顺应”的民族经验就是其中之一。

以“物来顺应”为总体特征的中国传统造园的观念智慧及思想和艺术高度在网络社会的全球文化语境中，日益显示出其民族经验的差异性价值。而在当代艺术设计实践中对此差异性价值的转换不仅连接起传统与当下，更成为产生不同于西方现代主义标准模板方案来解决当代人类面临的共同困境及问题的可能途径。这是在极端有序的确定性和极端无序的新奇性之间不断寻求平衡产生新信息的过程，可以将这一动态过程理解为文化的持续性发明。

基于民族经验的艺术及设计发展，从网络社会前页的“与时俱进”，转向网络社会杂糅的建筑与城市空间模式下的“因境而变”。“因境而变”的发展包括在本土对于民族经验的快速推进和在“异乡”对于民族经验的刻意标榜及矫情布景，但都是以根源于民族历史文化的经验，不断重新诠释重构中的民族认同。对于民族经验的追溯恰恰是全球化境遇中普遍的身份认同危机使然，丧失地域性的民族文化并没有消失或被同化，在网络社会人类超越地理气候等物质条件制约而获得更多自主性的趋势下，民族认同在艺术设计中所占权重日益增加，并构成了对匀质的现代艺术设计的文化性补偿。“物来顺应”不仅是民族造园的总体经验，亦为其在网络社会因境而变的转换要求。物来顺应地转换民族造园经验，本书在方式策略上举例有：中国文人营构的创作方式、民间自发的营造方式，以及双向批判的转换策略等；在途径手段上举例有：“壶中范式”转换、建构性转换、重组与植入、近期经验转换等。

艺术设计实践与理论思辨并行对照，既是近十年来的个人研究探索方式，也呈现在本书的内容与形式上。作为中国传统文化的一项珍惜资源，民族造园经验的转换运用并不局限于造园本身，也对环境艺术、设计乃至多种媒介的当代艺术产生思想观念及创造方法上的辐射。因此，本书所收录的个人艺术与设计实践并不局限于某一艺术与设计科目或媒介，这也是当代艺术与设计交融发展的趋势。

缸的琴　刘向华　现成品　可变尺寸　2017 年

缸的琴　刘向华　现成品　可变尺寸　2017 年

缸的琴，等开春，种上菜，土豆，丝瓜，茄子，白菜或蒜苗，大人孩子的屎尿别扔喽，能用上都用上，总之要开源节流，这是老辈儿传下来的经验，况且自留地现在不当资本主义尾巴割了，多好啊，还得谢谢人家，人有多大胆地有多大产，对吧。那好，就加油干吧！不要总嚷嚷搞艺术的了，那玩意儿能当饭吃不能，恁说呢，这也算盆景不是，再者说了，这缸的琴，不还能凑合着弹呢是吧，展览也成啊，恁喊个车拖去，用完记得跟俺还回来就成。

目　录

引子

德国人魏茨泽克(C. F.Von Weizsäcker)在其给出的实用信息模型中指出：信息是由新奇性和确立性两个对立统一的方面互补而成的。民族造园经验转换作为一种由信息产生潜在信息的努力，也是这种新奇性和确立性的对立统一：新奇性越强即越有序，概率越大，概率越大意味着熵越小而信息的‘质’和‘量’越大；而确立性越强即越无序，概率越小，概率越小意味着熵越高而信息的‘质’和‘量’越小。网络社会被排斥于流动空间精英的合法性认同（即所谓主流话语）之外的社会行动者，利用网络形成“抗拒性”民族认同，在这一过程中，可能出现一些促使社会转型的新的主体，此主体将围绕规划性认同①建构出新的意义。其中，“抗拒性”民族认同更多的是一种确立性信息，而在这一过程中出现的新主体及其围绕规划性认同建构出的新意义则兼具了信息的新奇性，极端的新奇性和确立性状态都不具有可供人们理解的信息量，而处于两者之间的民族造园经验转换则是可供人们理解的信息的最大值区域。冯纪忠先生所设计的松江方塔园及何陋轩，作为中国改革开放融入全球网络伊始民族造园经验当代转换的典型案例，具体地体现了这一点：方塔园以不统一的园内轴线等当代设计手法，将原址上的宋代古塔、明代影壁等古建筑重新组合在了一起；北门错开的屋顶、用竹子、茅草等简朴材料搭建而成的 “何陋轩”的棚子形态虽源于当地民族民居，却具有西方巴洛克式轻盈流动的曲线，夸张低垂的屋檐及其下竹构的杂陈变化，等等，就是处于新奇性和确立性之间的状态。

松江方塔园及其何陋轩是民族造园经验当代转换的优秀案例，其价值在以往相当长时期里一直被低估了。从中我们可以看到：连接传统与当下的艺术、设计的民族经验当代转换，是在极端无序的新奇性和极端有序的确立性两级之间不断寻求平衡的过程，这一过程是不断产生新信息的动态过程，即信息产生信息的过程。我们可以将这种不断变化的动态过程理解为文化的持续性发明。德波尔曾说，日常生活被从文化那里隔出，变成这样的日常生活必须有这样的文化来调和，才能熬过当前的没落。将这样的文化和日常生活像餐桌上的剩菜那样全抹去，一切才真正开始。接受，是我们的渊薮，我们的身体来这里，是要来发明的。德波尔的这段话实际上讨论的正是传统、现实、批判与转换及创造的微妙关系。文化作为传统的显现赋予现实的日常生活以某种意义上的认同，人们借此避免陷入当下的

---

①关于合法性认同、抗拒性认同、规划性认同参考《认同的力量》、［美］曼纽尔·卡斯特、社会科学文献出版社、2006-09-01版、第6至10页。

虚无，所以德波尔说接受是我们的渊薮，即传统是不应被割裂，而是会传承的。发明也就是所谓创造当然也能够赋予当下以意义的认同，其中批判当然是必须的，但接受既有的文化和传统，却是我们的渊薮，我们无以回避，因此“转换”在这样一种微妙的关系中显现出其连接文化传统与现实生活的不可替代的价值，从这个意义上可以说，艺术、设计的民族经验转换是文化的持续性发明。

而民族经验转换即文化的持续性发明在人类社会重大变革的关键时期会变得尤其剧烈而重要。随着人类一百多年前的工业革命所到来的，是基于个体手工生产方式的传统文化和审美，向基于大机械批量生产方式之上的新文化和艺术观念的转换；而当代以互联网为核心新技术的网络社会，对于新的信息及媒体技术的掌控，成为掌握全球文化权力的重要手段，网络社会的兴起成为艺术、设计新的转换契机。

何陋轩　设计：冯纪忠；　摄影：刘向华

第1章
背景条件

1.1 多元文化交融背景下的转换

用竹子、茅草等简朴材料搭建而成的 “何陋轩”是方塔园内画龙点睛的一笔，这个供市民休憩棚子的形态虽源于当地民族民居，但它却具有西方巴洛克式的曲线，是民族传统与西方传统完美的结合，来自不同文化背景的人都会获得认同感。方塔园中民族传统和西方文化结合的空间处理手法体现在诸如：不统一的园内轴线、北门屋顶错开、堑道富于变化、石桥错落有致、弧墙断续、何陋轩台基错动、竹构杂陈变化、茅草覆顶和铸铁柱础，夸张低垂的屋檐、反常涂漆的竹竿构件等。黑川纪章对封闭空间与开放空间之间过渡空间的强调，几乎是冯纪忠何陋轩设计的异国同语。可以说不大的何陋轩是和包豪斯典范、巴塞罗那世博会德国馆一样重要的建筑，何陋轩的民族传统和西方古典结合的设计语言堪称经典。这个工作，事实上恰恰是日本建筑师们在第二次世界大战之后所完成的东方空间经验的现代化转换，这是一种多元文化交融背景下的民族造园经验转换。

松江方塔园设计中民族造园经验转换的多元文化交融背景，具体表现在时代政治经济背景、时代文化背景、家世及留学背景等方面，这其中有些因素根源于民族性的内在线索，而有些因素则源于全球网络流动的政治经济文化等外在动因；当然，将上述这些因素的梳理，与其建筑空间功能、结构材料、形式特征的分析结合起来审视，无疑会有助于我们分辨方塔园到底有多少源自民族造园艺术传统，有多少得益于全球网络流动（诸如青年冯纪忠在维也纳时的学习生活经历，及方塔园设计前及过程中与西方的交流），并有助于我们探求自方塔园以来的民族造园经验转换中，外在动因与内在线索共同作用下所形成的某些特点和规律。

相对于中国的南方，作为政治中心北京的建筑在改革开放之初设计观念趋于保守且手段有限。改革开放伊始，松江方塔园、白天鹅宾馆等一批较接近国际上现代主义的建筑能出现在上海、广州不是偶然的，时代政治背景是其先决条件。方塔园何陋轩这个建筑也有一定的政治含义，三个分别旋转成 30°、60°、120° 的基座，表达了时代的彷徨感，改革开放的时代是一个寻找方向的时代，在其初期伴随着一定的惶恐感。

方塔园折中融合中西文化，何陋轩以巴洛克式和当地传统民居中的开放曲线动态，使空间在光影的变化运动中达成空间经验的转换，其旷远之意源于自然生成意趣的民族古典美学；而方塔园的现代性不仅体现在注重二维的几何性上，在使用现代材料上也可谓鬼斧神工，例如其入口门棚钢筋焊接的支撑结构。这些开创了中国建筑新时代的成就深深地植根于中西文化交融，而这种中西文化交融的脉络不仅源于冯纪忠先生早年的海外留学生活，还与1978年中国改革开放以来的整个时代文化背景息息相关。

20世纪80年代“新启蒙”的文化变化是对于70年前“五四”新文化运动的某种承续。同时，20世纪80年代的改革开放使过去长期被屏蔽在中国国门之外的西方文化大举涌进，西方不同时期的思想同时呈现在国人面前。就建筑领域而言，查尔斯·詹克斯的《后现代建筑语言》和勒柯布西耶的《走向新建筑》在20世纪80年代初几乎同时出版，从现代主义高歌猛进的欢呼到对现代主义运动的批评和后现代主义的拥抱，西方建筑语言演进过程中不同时期的建筑语言体系和思想，截然不同甚至相互矛盾的信息同时传播进来，这些信息爆炸式地传播及其种种疑问共同构成了一种时代文化背景。

“冯纪忠先生也像他的老友林风眠那样，是致力于中西融合的大师，他的民族传统根基于家世，现代感则来源于海外的求学经历。其家世及留学对于形成松江方塔园设计中民族传统转换的多元文化交融背景是至关重要的。冯纪忠1915年出生于河南开封的一个书香世家，祖父冯汝是清代翰林，历任浙江、江西两地巡抚，父亲毕业于政法大学，有着深厚的中文根底。冯纪忠从小就受到了中国传统文化的熏陶。冯纪忠作品的意义是把中国古典园林与西方如法国、意大利风景园林传统两种空间形式语言的结合，它的现代性体现在每一个空间围合的元素、弧墙、通道、柱子、网格，等等每一个元素都是独立自成一体，然后叠加在一起，这使得结构也非常丰富。三个分别旋转成30°、60°、120°的基座上面的亭子再一次找回它的传统，坐南朝北，把传统的东西很专注地放到上面。”[①]冯纪忠先生有一些很脍炙人口的理念，比如“以古为新”，要有古意但是不全盘模仿它，他所说的“古”具体是什么？“轩”是民族传统园林建筑中颇具开放性的一种建筑形态，凡轩必有窗，轩以开窗面积大而区别于其他园林建筑。杜甫的《夏夜叹》中有“开轩纳微凉”，苏轼的《江城子》里也有“小轩窗，正梳妆”佳句，而何陋轩则将轩的这种开放性推向极致，完全取消了墙而四周通透，可谓“敞轩”。可见冯纪忠先生所谓“以古为新”的“古”，在此包涵着这种“开放性”和个性表达的内容。因此，多元文化交融背景条件下，民族造园经验的转换是选取具有现代性价值基因或可能的民族传统的转换。

冯纪忠的作品是20世纪80年代非常重要的作品，它以极低的造价实现了对传统的尊重，对现代性的追求，并表达了对他那个时代的愤慨。即使经过了“文革”十年对中国文化全方位的破坏以后，多元文化交融背景条件下现代主义和民族传统文化的结合还是完全可以做到的。非常可惜的是这个作品在20世纪80年代没有激起任何影响，20世纪80

①冯纪忠：不辞修远 守志求真，王明贤，《新建筑》，2009-12-10。

年代的知识分子热衷于宏大叙事，要么是现代主义，要么是当前的改革开放，传统对前卫的人来说就是专制，就是保守，20 世纪 80 年代崇尚西化，这样一个低调的建筑反而没有引起重视。之后中国“实验建筑”的力量在某种程度上延续了冯纪忠先生这种中西多元文化交融背景下的生成之努力，在 20 世纪 90 年代末实验建筑多通过展览出现，至 2002 年左右中国的实验建筑师们建成了一批作品建立起他们的文化身份。其建筑空间形式多呈现为一种对中西多元文化因子的错构，如分裂及选取、压缩或放大、打散和重组等。其中比较优秀和得以全面展现的是刘家琨设计的成都鹿野苑石刻博物馆。其表里分裂的复杂构造，包含着这样一种多元文化交融的含义：呈现出西方现代跟中国本土现实之间的矛盾。这也是实验建筑发展脉络中隐含的问题。如果刘家琨能够在某种程度上着意展示出这种表里分裂的构造，这个建筑就不只是对于美学纯粹性追求的结果，而更显示出其文化上的含义。这种表里分裂的构造是网络化民族认同的物质呈现。表里分裂的背后，是网络社会平面结构与集权社会垂直结构重置与交叉的多元文化交融的表现。

20 世纪 80 年代哲学家利奥塔就指出 18 世纪开始建构的民族国家主义的宏大叙事已经难以容纳今天人们对于个体身份的定义和认知。“在一个全球化不断加剧，流动性不断提高的今天，单一民族国家的神话将成为昨日黄花。今天我们穿梭于各种的体系和各种叙述之间，同时勇于获得了完全不同的文化经验。特别是在网络体系下的连接性和流动性，在高效的交通体系中，有一大批人过着项目制的当代游牧民式的生活，由于各种原因需要移居到其他文化和地区，在他国生活的时间超过母国，甚至出生于他乡，无论从生物性上，还是从文化背景和经历上，杂交化的个体逐渐成为全球化下的普遍。”[①]

主食　刘向华　现成品　尺寸可变　2014 年

①姜俊，文化批评：传统与现代性、东方与西方、民族与美学，微信公众号 Shirley ART LIFE。

1.2 民族文化碎片上的生成

西方人善于从物质技术的层面去协调人与大自然的关系，诸如生态环保技术、被动式建筑等；而中国文化传统中强调关系的协调和处理，首先是人与自然的关系，人们常说“天人合一”。天坛是“天人合一”体现在中国古代建筑中的一个好例子，天坛是中国人表达对于天的崇敬的一个场所，其对天的一切敬畏和理解体现在这个建筑几乎所有的方面，包括柱子、高度、层次以及所有的规格和数字，一年二十四个节气、三百六十五天，一天的二十四个时辰，包括金木水火土这些中国人对于天地自然秩序的理解都完全融汇到建筑与人居环境的营造之中。再例如故宫的一砖一瓦、每一根柱子、每一件家具、每一处布局都严格地遵照黄历，包括它建造的时辰、上梁上瓦的仪式都在反映着它对自然的尊崇和景仰。它几乎成为一种信仰，人们对于一个无形的东西投入他最真挚的情感和最大的尊敬。并且它不是某个人的事情，而是整个民族无数代人反复研究和实践的结果。可以说天人关系在中国古代建筑中体现得淋漓尽致。

而当代我们对中国古代建筑的许多传统继承得并不完整，社会及学科的专业化细分包括专业内部研究方向上的细分，使大部分人包括很多建筑师都对许多中国古代建筑中的知识和信息了解得不全面，甚至出现无意或有意的误读，这是一个实际的情况。如何理解和对待中国古代建筑这样一个体系尤其民族造园经验在当代变得支离破碎这样一个现实？这需要以历史的眼光来加以看待。汉武帝之前的吕后、窦太后时期，包括文景之治，中国社会的主流意识形态讲究道家的无为而无不为，如与匈奴和亲，道家的这种顺应自然无为而治的思想在中国传统园林的发展变迁中一直延续至今。而从汉武帝时代开始罢黜百家，独尊儒术，礼制被主流的意识形态采纳。建筑上从汉到明清近两千年间建筑形态之所以如此接近，不能否认其背后都有儒家礼制在意识形态上的支配。而为什么现在的建筑完全脱离了这样一个延续两千多年的相对稳定传统？因为儒家的礼制不再处于意识形态上的支配地位。中国社会自五四运动打倒孔家店一百多年来所发生的巨大变迁，使在农耕文明等级集权制度下生成的长期占据意识形态主流的礼制，及受其贬抑而一直处于边缘的道家思想难以适应时代，过去在这些意识支配和思想影响下形成的民族建筑和园林中的那样一套完备而相对稳定的营造体系在国际化网络化的当代社会趋于失效。

中国传统建筑与造园的民族经验当代转换的背景条件是当代中国所处的现实环境状况，包括既已碎片化的传统营造资源和从西方引进的建筑（包括教育）体系。近代以来，民族传统建筑与造园的工匠和建造工艺赖以生存的经济条件、制度条件改变了，导致传统营造系统和资源趋于衰落和枯竭而呈现碎片化。任何叙事结构都是有局限性、相对性的，当以往的线性进步叙事结构已不能解释当代的现实时，也就是其终结之日，新的可能性已经开启。在如今这个走向匀质化、全球化的文化大背景中，我们尝试着思考有没有可能产生一

面孔 I　刘向华　69cm×69cm　宣纸水墨　2015 年

绿得值　刘向华　现成品摄影　可变尺寸　2019 年

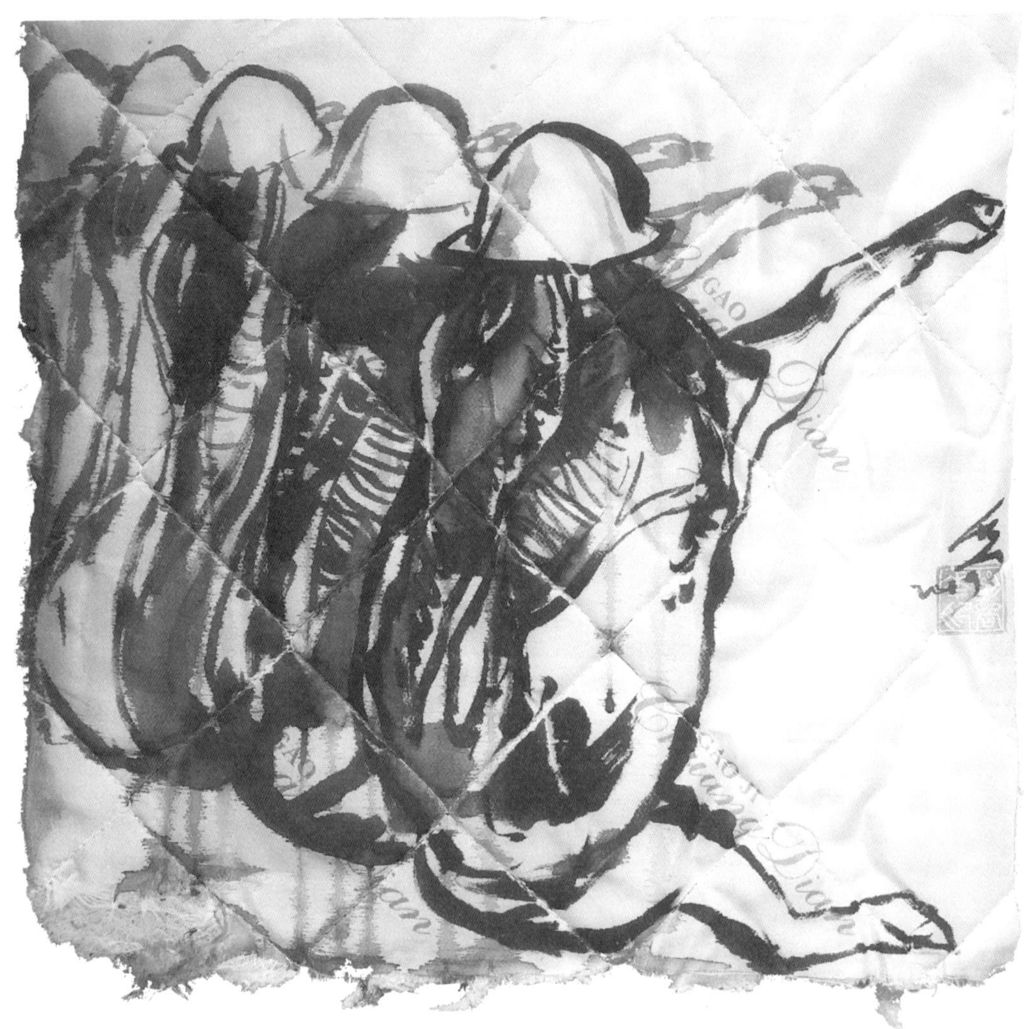

迄今为止世界的历史经验表明，越勇敢的人越安全。这一点在东西不同国家及其各自平民最近两百年里的命运对照中尤其鲜活。勇气不仅是人世间一切道德品质的基础，而且是人类认知能力的基础，后一点则为不同国家科技艺术原创力包括核心技术知识产权这一体现认知能力的显要指标差异所印证。道德品质败坏还不是懦夫的唯一要领，其致命问题在于惯于颠倒是非而扭曲了认知结构进而导致习惯性判断错误从而使自身陷入难以自拔的危险乃至万劫不复之境地。

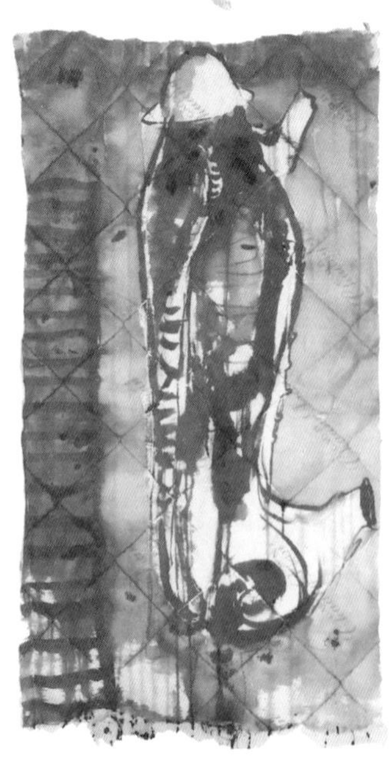

苦力猪仔 II　刘向华　47cmx90cm　现成品水墨　2019 年

个新的体系结构。

在既已破碎的传统营造系统和从西方引进的建筑（包括教育）体系中，如何接续和转换事实上已然断裂的七零八落的民族经验？例如王澍评判自己建筑的标准是“没有花木依旧成为园林”，也就是说已经断掉了的民族经验的依据来源于今人对遥远古代的想象和仿真，建造呈现的是当代的空间体验。他实际上是以完全创新的方式去看待民族性或中国性的，其实是需要有很多想象力的，甚至以误解的方式去揣测模仿和适应当下的时空环境需要，这就是对既已碎片化的建筑园林的民族经验进行当代转换的背景条件。转换的意义并不在于简单地接续，不是用了一些民族地域乡土材料或符号，看上去有民族的味道才叫民族性，而是经由接续来创造建筑园林与城市空间的民族性。例如原来判断园林的标准就是其是否如画，实际上，绘画一直是这个民族判断园林的一个标准，在民族造园经验当代转换中依据此时此地的现实生存环境需求和问题基础上的体验和想象重建这个标准之后，民族性也就出来了。在网络社会全球化的文化弥散态势下，民族造园经验的当代转换往往呈现为民族文化碎片上的生成。

濯缨水阁　刘向华　190cmx160cm x170cm　300kg　装置　2009 年

第2章
逻辑基础

2.1 从“与时俱进”到“因境而变”

以往社会形态下的中国造园乃至环境艺术是“与时俱进”的发展，是以承续地域内民族传统为主的演进，是沿时间线性缓慢推进的；而在网络社会杂糅的建筑与城市空间模式下，民族造园经验的发展方式已悄然发生变化。

在《通向他者之途》中，法国汉学家朱利安（François Jullien）对于主体的叙述提出了用距离（Distance）替代差异（Difference）的观念，差异（Difference）的观念实质是基于对主体的同一性身份（Identity）的偏执，欧洲中心主义和殖民主义就是这种偏执的叙述策略的结果。既往社会形态下“与时俱进”的民族造园经验发展背后的主体，是基于上述差异（Difference）观念下的同一性身份（Identity）的，而在网络社会全球化条件下，全球范围内“经济——功能连接”连同“意义——民族认同”的各类社会网络（包括金融网络、房地产开发网络及经济各行业网络、源于某民族国家地域而延伸到全球的文化网络等），一同按照犹如蒲公英种子在全球宏观尺度上远程传播，以及犹如热带雨林植物在城市微观尺度上枝蔓交错时，就导致建筑与城市从原先由所在地域文脉限定的和谐统一空间模式，转换为局部建筑多样杂糅而城市整体结构趋同的空间模式。网络社会的建筑与城市空间及其文化模式就被赋予了“地域割裂、越界同构、意义竞争、多元交织”的特征，文化本身也就不再具有统一性的本质，而是在与他者的互动中不断生成，所以上述基于差异（Difference）观念的环境艺术“与时俱进”的民族经验发展已难以涵盖网络社会的新状况。

在网络社会杂糅的建筑与城市空间模式下，城市环境遭到了凭借网络席卷全球的资本市场和消费文化深入而全面的侵蚀，一方面，在激烈国际竞争张力下，在民族国家本土的城市建筑环境中，环境艺术的民族经验转换被快速推进，以便在全球多元文化激烈的竞争中，构建新的民族国家认同并融入全球网络流动空间的制度逻辑，从而掌握全球网络的支配性功能与利益；另一方面，在异国他乡，或在各地的餐饮消费区和休闲旅游度假区，环境艺术的民族传统符号和形式被刻意地标榜或矫情地布景，其实质都是脱离了民族特有的地域限定及其文化土壤，依托于全球网络人流或资本流动而得以保存或“繁荣”。

朱利安（François Jullien）对于主体的叙述所提出的距离（Distance）的观念重在

标注“我”和他者间的关系，而非追究任何主体在线性时间中累积确立的固定实在身份，回应了上述网络社会的建筑与城市空间及其文化模式。距离（Distance）揭示的是“我”和他者基于空间之维的不断流动中的交流确立的某种关系，交流双方的存在和自我认同、其重新解体和再次生成，都不再系于时间，而更取决于空间。

因此，网络社会艺术设计的民族经验转换主要不再系于时间，而是更取决于空间：全球网络化冲击下民族认同的跨地域集结，导致艺术设计与城市文化脱离原有固定的地域限定，脱离了基于时间维度的民族传统的家族关系、邻里关系、社会生活、生产方式，甚至建造或制作技艺等文化因子累积，而在世界范围内跨地域远程传播，并在网络社会新的建筑与城市空间模式下基于空间关系的杂糅环境中发生转换。这种转换不只是与时俱进，而更是“因境而变”，“因境而变”包括在本土对于民族传统的快速演进和在异乡对于民族传统的刻意标榜及矫情布景，但都是以根源于民族历史文化的艺术设计经验，不断重新诠释重构中的民族认同。

无题　刘向华　可变尺寸　行为　2014 年

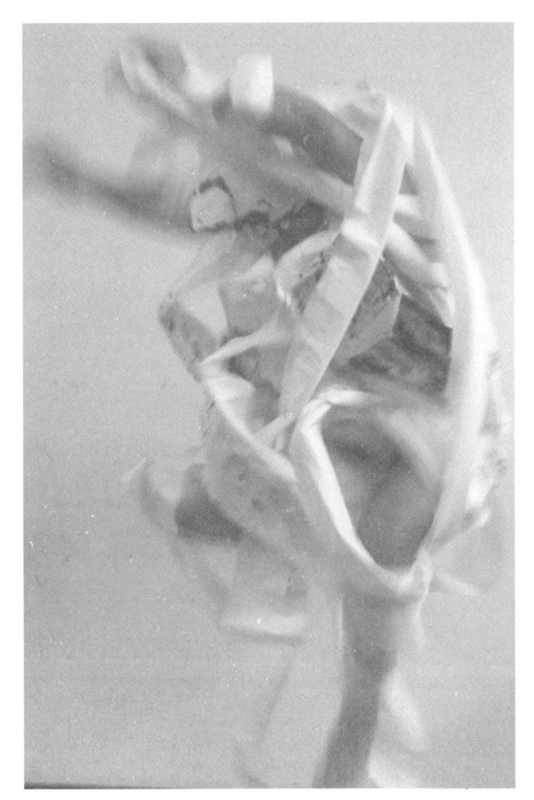

无题　刘向华　可变尺寸　行为　2014 年

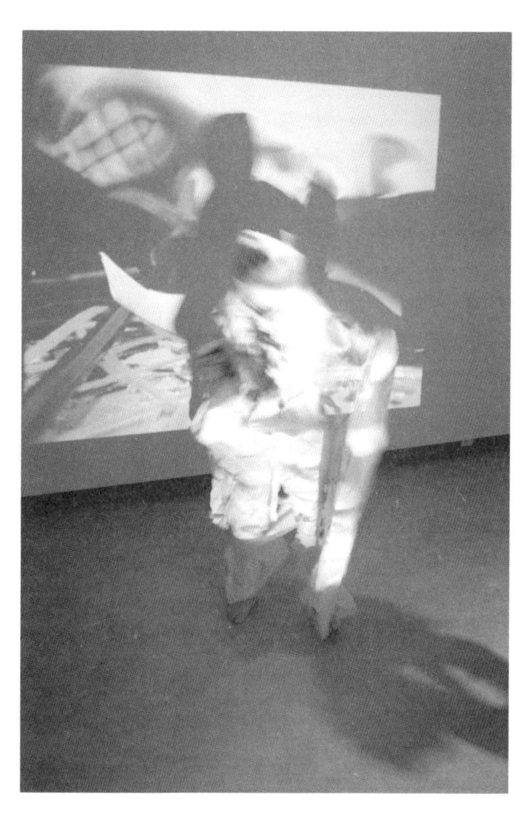

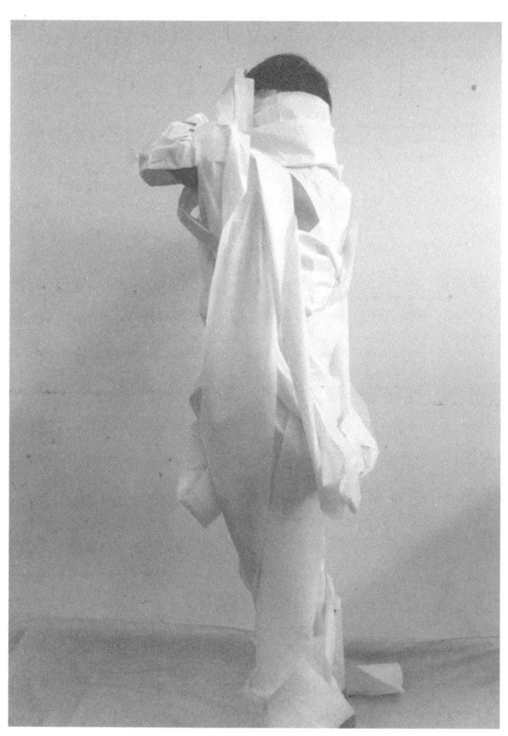

无题　刘向华　可变尺寸　行为　2014 年

2.2 内容熵减以平衡结构熵增

民族造园经验当代转换的逻辑基础也可从“信息”和“熵”[1]的关系中来解释。产生于20世纪40年代末的信息论，与控制论、系统论并称为20世纪科学的“新三论”。申农（Shannon）用信息论的“概率”来解释“信息”和“熵”的关系时指出，与“信息”一样，热力学第二定律中“熵”的本质也是概率，但是熵表达的是最大概率状态，而信息则相反地表示小概率事件，即概率越小的事件信息量越大。波尔兹曼曾提到熵的获得意味着信息的丢失，或者说信息是负熵，即一个系统越有序则熵越小，其所含信息的‘质’和‘量’越大，反之亦然，可见“信息”与“熵”的关系是反相关。“弥散是流通网络发达的结果，是全球化不可避免亦无需避免的积极现象。弥散带来了世界文化的现代化，全人类都从中受益，这是无疑的。但从物理学角度看，弥散是信息能量从高阶位向低阶位的流动，是‘熵’的增值。从大跨度的时空观而言，不断地寻求与建构某种‘负熵’的涌流，是必要的平衡与补充。也就是说，在弥散的大趋势中，寻找新的生长点，希望有新的艺术设计系统不断生成，仍然是有利于全球艺术设计生态的。在势不可挡的弥散洪流中，生成是困难的。但也只有生成，是真正值得具有全球视野的艺术家设计师们努力探索的。生成需要生长点。这个生长点必然是现实环境的需求，也自然需从古今中外的文化积累中去找寻。”[2]世界的演变是否最终真如热力学第二定律的熵增原理那样，走向完全趋同即熵平衡态我们暂且不论，但在这个演变过程中，由民族认同所维系的世界主要的民族历史文化将客观存在，“在21世纪互联网时代世界趋同化的过程中，反抗趋同反抗匀质化保持地域文化的独立性和自我认同需要不断‘做功’”，以为保存其差异性提供稳定的负熵[3]流。即使是熵增原理果然应验，人类社会也不能从差异性一步迈入匀质化，而必须在一定程度上维护这种差异性从而将匀质化的速度保持在人类社会可以接受的范围之内，使之经历一个转换的过程。在世界匀质化即趋同或“熵增”过程中为保存建筑与城市差异性不断“做功”的过程，实际就是环境艺术的民族经验当代转换过程，它使匀质化的速度保持在人类社会可以承受的范围之内。

民族造园经验当代转换，以根源于民族历史文化的造园艺术空间语言建构民族认同，不断“做功”以提升信息的“质”和“量”，挖掘壕沟抵御全球网络工具性的意义虚无，

---

①“熵是一种不确定性的定量化度量。在1872年波尔兹曼提到了熵是一个系统失去了的 ‘信息’的度量。熵的获得意味着信息的丢失。一个系统有序程度越高，则熵就越小，所含的信息量就越大，信息的‘质量’也越高；反之，系统的无序混乱程度越高，则熵就越大，信息的‘质’和‘量’就越小。信息和熵是互补的，信息就是负熵”。引自百度文库 http://wenku.baidu.com/view/932d272b647d27284b7351ac.html

②引自 http://www.cafa.com.cn/c/?t=834587，中央美术学院艺讯网，深度栏目，潘公凯，《弥散与生成》自序。

③齐拉德首次提出了“负熵”这个概念，薛定锷（E.Schrodinger）提出了“生物赖负熵为生”的名言。薛定锷在《生命是什么？》说：“要摆脱死亡，就是说要活着，唯一的办法就是从环境中不断地吸取负熵。我们马上就会明白，负熵是十分积极的东西。有机体就是依赖负熵为生的”。如果有一种机构，它是一个开放系统，能够不断地从外界获得并积累自由能，它就产生负熵了。生物体就是这种机构。动物从食物中获得自由能（或负熵），而绿色植物则从阳光中获得它们。

为保存环境艺术的民族文化差异性提供稳定负熵流。

不仅如此，值得将问题不断推进的是，我们不可能在这个世界的真理面前想当然地盖棺定论，在任何时候，人类制造出来的任何理论都是有边界的，如同热力学第二定律的熵增原理仅仅适用于一个封闭的系统那样，申农和波尔兹曼对信息作为小概率事件等于负熵流的解释也仅仅只是适用于一种存在确定概率的平衡态，也就是说事件存在确定的概率是其理论的基石，当这块基石不存在时，其理论也就不适用了。在实际的生命领域中就是这样，信息并不像存在一个确定概率的平衡态的物理系统那样，只是单向传输或消耗能量并保持总能量的平衡，生命领域系统（包括人类社会在内）的信息会在交换和互动的过程中不断生成新的东西，即魏茨泽克所谓的“信息是产生潜在信息的东西”。

可见，网络社会的民族造园经验当代转换，是一种由信息产生潜在信息的努力，网络社会杂糅的建筑与城市空间模式给民族造园经验转换制造了适宜环境，来自全球的各种经济政治力量及其建筑文化在城市中犹如热带雨林植物般枝蔓交错，这种交错状态下频繁的信息交换和互动给民族造园经验当代转换提供了“因境而变”的转换动力，形成城市环境艺术内部差异性文化的持续繁荣即内容熵减，从而维持其各自系统内部的有序状态，以平衡整个结构上的熵增，将趋同的速度保持在人类社会可以承受的范围之内。

翻墙的猪　刘向华　51cmx44cm　现成品水墨　2019 年

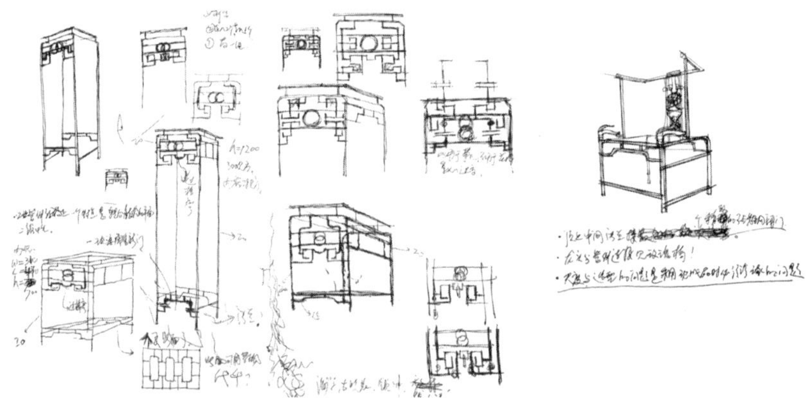

城市山林　刘向华　可变尺寸　装置　2008 年

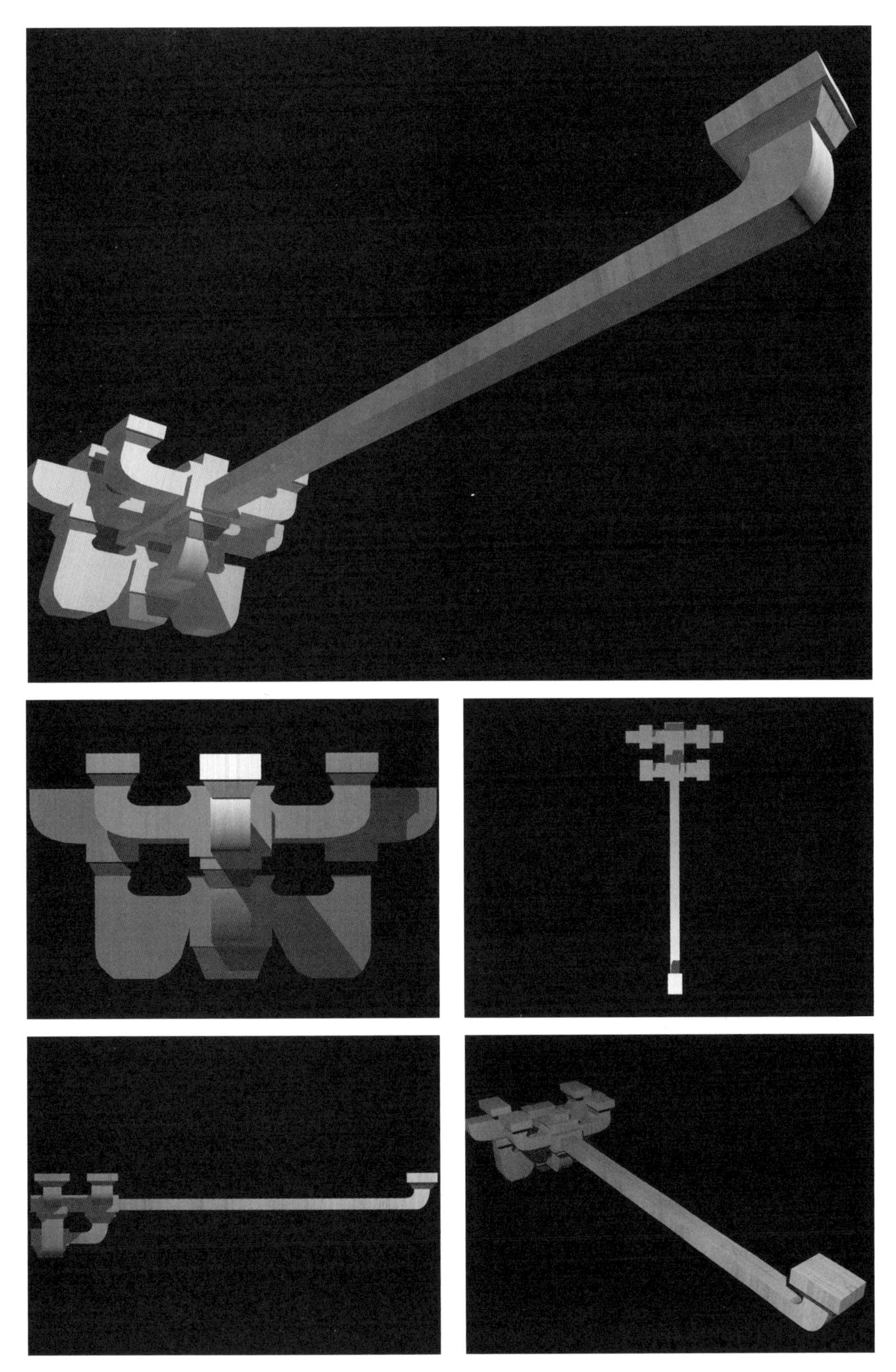

铁力Ⅰ号　刘向华　可变尺寸　装置　2003年

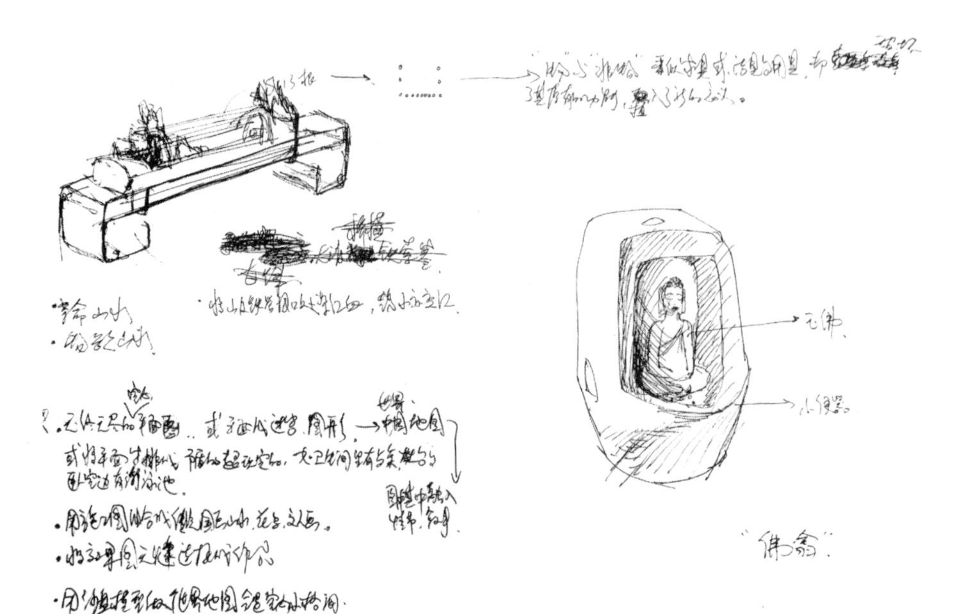

城市山林—七律（草图） 刘向华 2009 年

城市山林—七律 刘向华 160cm×60cm×110cm 装置 2009 年

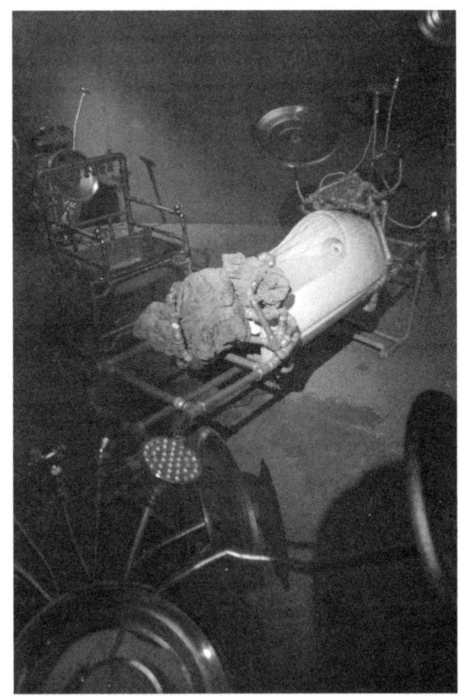

城市山林—七律（局部） 刘向华 160cm×60cm×110cm 装置 2009 年

吞吃自身的蛇 刘向华 92cmx73cm 现成品水墨 2018 年

轮胎　中央民族大学美术学院 2018 级环艺本科一年级设计造型基础作业 学生：王子长　指导教师：刘向华

第 3 章
概念内涵

“批判的地域主义”思想为建构一种设计主张的排他性立场认为：只有将地点场址的地形地貌等地方的地理环境作为灵感和依据，设计才具有合理性；并坚持认定在保护地方自身的同时，必须反对那种浪漫矫情的地域主义及其相联系的商业文化，且在反对全球文化趋同的同时仍遵守现代主义建筑的线性进步观，却又反对当代信息媒介时代那种现实世界的真实经验被虚拟世界的信息所取代的倾向。对照“批判的地域主义”思想，有助于理解民族造园经验当代转换的概念与内涵。网络超级文本超越历时性的共时性呈现，及全球化超越地理临近性局限的高速信息流与人流，使民族建筑的概念突破了以往的边界，也使民族造园经验的当代转换承载着前所未有的复杂内涵：转换的必然性在哪里？其与批判是一种怎样的关系？在时间向度上从传统里延续什么？在空间向度上从外部吸收什么？时、空、信息及人与物的复合意味着什么？它的可能与界限在哪里？

3.1 民族造园及民族建筑

民族造园是指具有民族文化根性的园林营造，这里特指以中国传统园林为主要内容的中华民族的园林营造。而民族造园经验则指民族园林营构和建造过程中所持有的观念、方式、范式、手法、技艺等具体的设计建造经验，与园林的设计施工操作过程直接相关而区别于泛泛的园林传统文化。用“经验”而不是“传统”这个词，也是意指本书研究的对象还包括那些具体或鲜活的，以及尚未进入现有造园知识文本的相关民间营造智慧和手段。造园也是一种建筑活动，尤其在以农耕经济为主的中国古代，园林和住宅往往是一体的，因而民族造园经验也是民族建筑经验的一部分，反之亦然，这本身也是我国造园经验的民族文化根性之体现。值得注意的是，改革开放 40 年来，尤其 21 世纪迈入网络社会以来，凭借全球网络跨地域跨国界传播的时代特性，民族造园已经打破了原本意义上民族园林营造所固有的地理界限。

认识民族造园的概念，鉴于宅园一体的特点，可以从“民族建筑”的所指视角切入。就近现代以来中国的民族建筑而言，20 世纪上半叶中西文化比较和民族文化复兴语境下所谓“民族建筑”的所指，在很大程度上是以中国汉族古代北方官式建筑为主体代表的中国古代传统建筑。

20世纪下半叶，政治的裹挟与从中的游离，使“民族建筑”对中国传统园林、地方民居、传统聚落、民族地区建筑丰富多元的差异体系的关注，渐渐超出之前为国家政治所驱动的汉族古代官式建筑的理想宏大范式，成为中国“民族建筑”的重要所指。

其中在改革开放40年西方文化大举涌进的现代与后现代理论及城市化语境中，“民族建筑”一方面表现为官方在城市大型公共地标建筑中的民族建筑形式符号化操作，如北京的“夺回古都风貌”，另一方面表现为由民间真实的民族建筑实体大面积迅速消失所引发的对传统园林和乡土建筑的日益关注，而随着20世纪90年代开始的中国快速城市化对于旧城和传统街区的大肆拆毁，“民族建筑”及其所带动的研究也逐渐扩大到传统街区保护及城市规划，对“民族建筑”的关注扩展为对“民族建筑与城市”的关注。

在20世纪90年代末至今的全球化语境下，长盛不衰的“地域主义”相关建筑理论与实践，凸显了中国传统园林和少数民族地区的“民族建筑”在中国民族建筑中的地位。而中国快速城市化的大肆破坏，及全球网络的高速人流、物流、资本流动以及文化和社会生活的信息化和媒体化，都使“民族建筑”进一步遭到席卷全球的资本市场和消费文化价值体系深入而全面的侵蚀。但怪异的是“民族建筑”却未被消灭，反而在城市的餐饮消费区、休闲体验区和乡村的旅游度假区以一种畸形的方式大肆“繁荣”起来，并且日益跨越国境而散播到全球各大城市。在全球网络高速流动包括人流、物流、资本流动，及作为文化信息的建筑形式样本的广泛快速传播复制中，“民族建筑”已异化为某种新的拔除了民族传统文化延续所依托特定地域和场所文化土壤的“轻佻的布景”，称其为“轻佻的布景”是因为它不仅可以完全脱离固定的地理环境，也可以完全脱离民族传统的家族关系、邻里关系、社会生活、生产方式，甚至建造技艺，从而在相当大程度上变异为全球网络中资本流动赚取利润的道具和人员流动消费体验的过场；而与此同时，权力垂直系统对于“民族建筑”的操作并未终结，如2011年前后的大同古城改造工程，乃至各大城市的仿古地标，显示出权力垂直系统在中国社会宏观层面上的控制力。

通过上述对近现代以来民族建筑百年流变之考察，可以发现，包括民族造园在内的民族建筑这一概念，是在近100年纷繁芜杂的中国近现代建筑历史中反复出现的重要命题，它的概念和内涵随着时代理论探讨语境的变化而不断发生着变异、流转，没有一个永恒的确定不移的民族建筑概念。所谓民族建筑的所指和要义在不同的时代社会语境中都是在不断流变的，如20世纪50年代梁思成设计的中央民族大学大礼堂，虽为汉族古代官式重檐歇山顶建筑，却以南向短边作为主入口，就是基于现代公共功能的转换。其中，重要的是如何在不同的时代社会语境中精确地把握中国民族建筑的要义、在建筑与城市建设实践中顺势应时地进行民族经验的转换。

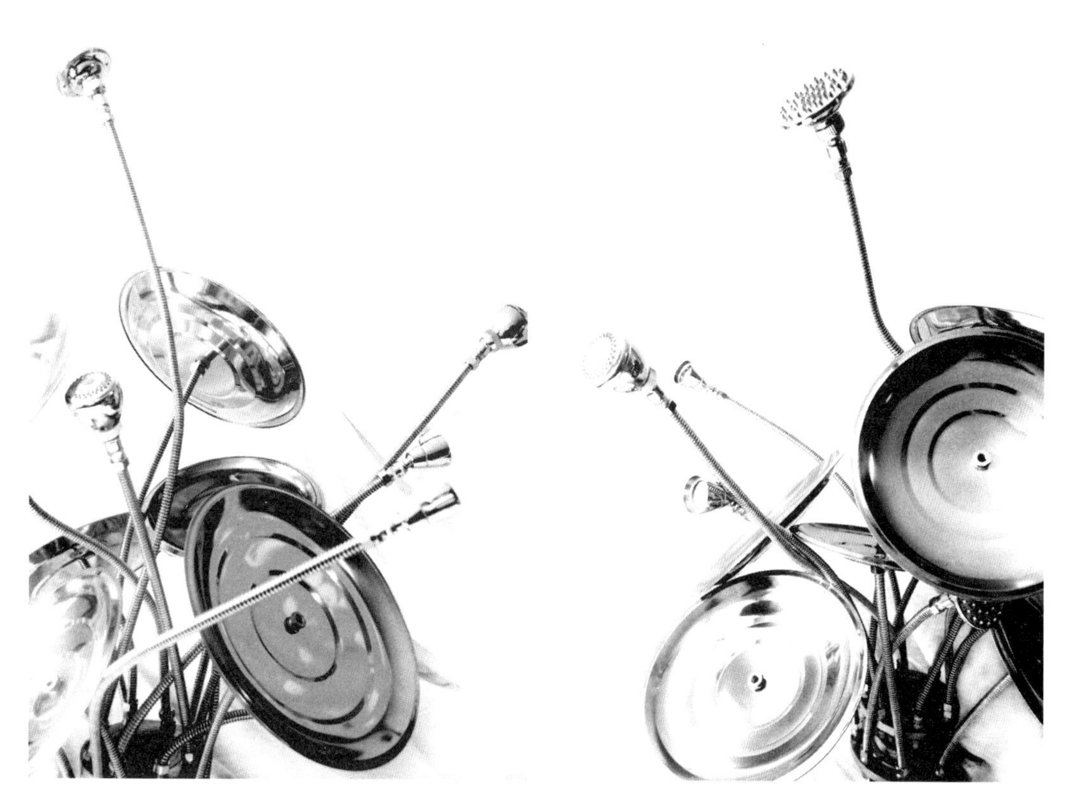

城市山林—出水莲　刘向华　可变尺寸　装置　2008 年

城市山林—出水莲　刘向华　可变尺寸　装置　2008 年

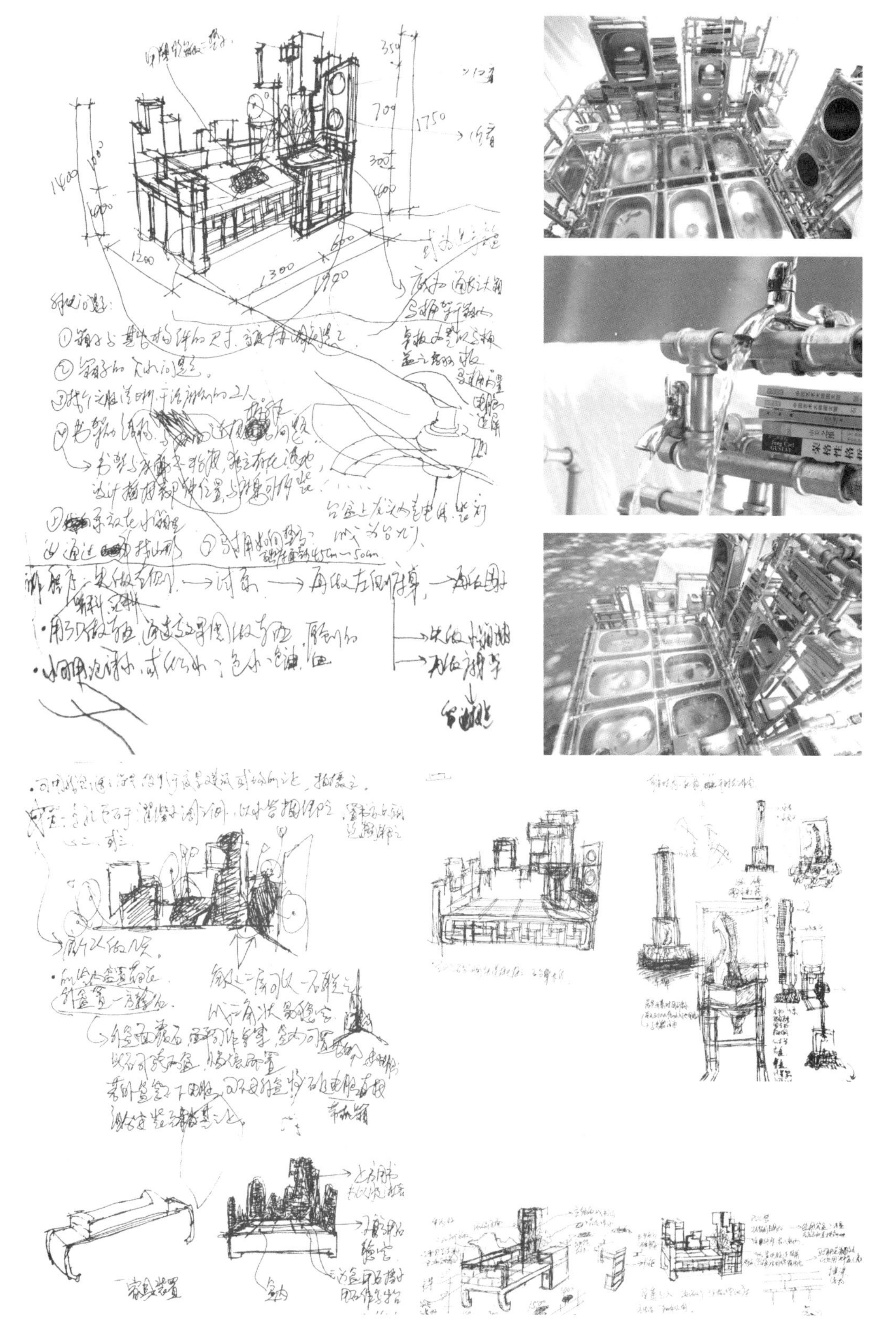

濯缨水阁 刘向华 190cm×160cm×170cm 装置 2009 年

传统园林设计课程作业　中央民族大学美术学院 2006、2007 级环艺本科生：迟皓亮、肖江华、白嘉、付开成
指导教师：刘向华

传统园林设计课程作业　中央民族大学美术学院 2007 级环艺本科生：曹宏达、孙凌敏　指导教师：刘向华

传统园林设计课程作业　中央民族大学美术学院 2007 级环艺本科生：孙凌敏、王欣　指导教师：刘向华

教学现场

3.2 必然和多样

梁思成说“一个东方老国的城市，在建筑上，如果完全失掉自己的艺术特性，在文化表现及观瞻方面都是大可痛心的。”[1]矶崎新也说过中国历史很悠久，但又经常随便被破坏。中国每次改朝换代都轻易对前代进行修正，所以中国更有理由在这样一个变化的过程中，发现到底什么是中国的东西，并通过自己的力量，让它发展得更完善。而不是像现在这个状态，把外面的东西拿进来放着而已。梁思成和矶崎新的话其实都否定了两个偏执的方向，其一，全盘西化；其二，泥古不化。

在当下西方文化语境下完全脱离民族历史文化的全盘西化显然无法通过建筑园林环境艺术营造民族认同，民族认同的网络化重构不是民族认同的消解，反而是民族认同的凸显，只不过这种民族认同不再完全受地理临近性的制约而通过网络的越界联系形成更大范围的网络化民族认同。民族造园经验转换是个前后相继、不断延续的过程，但也是个淘汰与生成的过程。当下在中国城市与“拆旧”并驾齐驱的还有“仿古”，一边是部分“历史文化名城”的岌岌可危；另一边是仿制古城遍地开花。这一切正成为中国城市化进程中的独特风景：500亿再造大同“回到明代”；千亿再造汴京“回到宋代”； 60亿肥城古城奠基“回到春秋”；江苏金湖尧帝古城开建“回到上古”……拒绝转换的仿古是国粹主义的顽固不化，人造归属感的努力是注定要失败的，古或可以仿，归属感是仿不来的，拒绝转换，新的假古董即赝品不仅不会塑造建筑与城市的民族认同，还会让人油然而生一种虚假和廉价所导致的耻辱感。可见，全盘西化与泥古不化都难免偏执，承接民族传统并与时俱进的民族经验转换具有必然性。民族造园经验当代转换的必然性，是由西方强势文化侵蚀下中国的社会发展和体制转换大势所决定的。

民族造园经验当代转换不仅具有必然性，还具有多样性。这种多样性是由中国地区发展的多层次所决定的，不同发展层次的地区，经济技术条件有不同，建筑与城市的民族传统对于人们的影响力也不同，这就造成民族造园经验当代转换的多样性。“批判的地域主义”在反对全球文化趋同的同时仍遵守现代主义建筑进步和解放的思想。而环境艺术的民族经验转换的观念并不刻意去反对所谓“全球文化的趋同”，因为环境艺术的民族经验转换的观念基于网络社会建筑与城市空间模式观，即认为全球建筑与城市文化的趋同是城市总体结构上的趋同，而城市局部内容上却更加丰富，网络社会丧失了地区性的民族文化并没有消失或被同化，而是在地域割裂、越界同构、意义竞争、多元交织的网络社会建筑与城市空间模式中转换生长，这是步入一种新的全球网络结构的民族文化生态的必然和多样。

---

①梁思成著，《中国建筑史》，百花文艺出版社，2005年5月版，第5页。

此外，虽然作者认同包括造园在内的环境艺术的发展和解放观念，但并不相信线性的非此即彼的二元对抗；因此，不同于“批判的地域主义”，民族造园经验当代转换的观念并不去反对那种浪漫矫情风景化的民族文化或地域主义及与之相联系的商业文化的存在，而是将这种在异乡对于民族传统的矫情标榜，作为“因境而变”的民族经验转换的多样化方式之一，在网络社会消费文化日益盛行态势下有其存在的合理性，根源于社会结构和体制深处的现实存在并不会因为艺术家或设计师明显一厢情愿的认为反对而消失。

芹庐　刘向华　可变尺寸　水墨装置　2016 年

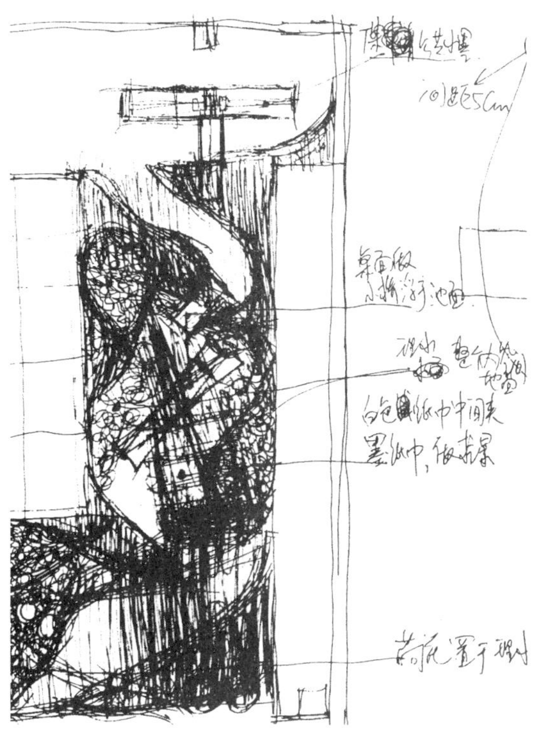

芦庐（草图）　刘向华　2016 年

芦庐　刘向华　可变尺寸　水墨装置　2016 年

“芦庐”源于中国苏州艺圃，原为私宅，其中芦庐一地空间尺度及形态与今日美术馆三层狭长的东展厅较为贴切，此厅是今日美术馆三层整个展厅中的序幕空间，具有公共通道的性质，决定选择此处空间是着眼于其公共性。延续“芦庐”空间本身所包含的智慧，作者通过微信招募到 25 名志愿者参加芦庐的搭建，利用水墨卫生纸卷转换的芦庐能让过去仅供私人案头把玩的水墨和封闭的私家园林空间变得轻松好玩，公共开放，并在公众参与过程中流动变化起来。（参与搭建志愿者：马景浩，李仁泽，周同，李静，徐重阳，叶彩珍，吕晶晶，吴宇，董安琪，王梦雅，李传欢，任帆帆，王一晗，岳东，郑克旭，陈雨，王越，高丽萍，卜吉，尚笑，赵宁，张元林，王博，黄静。）

扇面系列 II　绢本彩印红木手柄　2009 年

3.3 批判与转换

康德在其《实践理性的批判》和《纯粹理性的批判》中开创了“批判”的西方哲学思想传统，即离开先验接受给定的真理，而对自己的认知范畴进行不停地反思和自我批判。而回顾中国20世纪至今近百年来从半殖民地半封建社会向现代社会的转换历程，无论是五四运动，新文化运动，抑或是20世纪80年代的二次启蒙，都不难发现：民族经验的转换往往是从批判开始的。在任何现代社会中，最宝贵的财富都是那些拥有着批判性思维和独立思考的见解。在精神自由的环境下，人类的创造力才会得到最大的发挥，社会才会有更大的进步机会“要对中国传统文化作哲学意义上的批判性认识，中国环境艺术的传统性、民族性的表达，需要跳出具体的形象，跳出惯用的词语，要作‘抽象的思辨和精神的凝炼’，探索能和现当代艺术和审美意识契合的在精神层面上表达中国的环境艺术创作之路。”[①]王澍和张永和、刘家琨等一批本土实验建筑师代表的就是一种批判的态度，他们以批判的方式介入建筑，认为中国当代城市价值观所呈现的紊乱与模糊，与其混合的生长状态是混乱而不健康的，需要以民族经验转换并重新构建不同于现代主义形式和民族形式的当代中国本土建筑。他们努力以民族经验转换出“自主”的建筑语言，即从建筑的思想观念、形式语言、建造工艺材料到建造方式都力求探索当代中国建筑的表达方式。可见，就批判的态度而言，“民族经验转换”与“批判的地域主义”对全球化和地方的地域主义这两方面认知范畴均持批判时所采取的辩证态度是一致的。

但就批判的对象而言，民族造园经验转换的观念更加注重的是自我批判，或者说转换的过程就是自我批判的过程。自我批判是事物转换变化的内因，通过对民族经验自身局限的挑战而得以发展。中华民族在她从近一个世纪的战火和厄运中挣扎着站起的时候她为自己提出重新描绘这个民族和国家的重任。许多年过去了，她画满了一个空间，一个用人民大会堂、共和国广场及其他十大建筑、长城饭店玻璃幕墙、北京西客站大帽檐、国家大剧院、国家体育场、CCTV大楼及望京SOHO填充的空间。时至今日她发现那个由无数碎片拼接的极具爆发力及跳跃性的巨大迷阵，原来涂画的恰是她自己百年来几近变形的脸。记得豪尔赫·路易斯·博尔赫斯也曾经表达过大致相似的意思：我们每一个人都是被所处时代绑架的人质，局限和缺陷是必然存在的，要与时俱进首先就需要自我的批判。中国建筑与城市环境这张几近变形的脸也是需要自我批判的。

民族造园经验转换的自我批判是在民族历史和现实基础上面向未来的“建设性”觉醒，

---

①中国现代建筑的中国表达，秦佑国，《建筑学报》2004年06期。

是基于民族历史积淀的一种能量和信息的传递变异过程。迈向网络社会的民族造园经验转换作为一种自我批判，包含着“批判的地域主义”，借由“陌生性”施行设计中的自我观照，并且这种自我批判是双向的：既有基于网络社会的价值观与时代条件对于民族造园的既往经验的批判，亦有发扬民族造园经验的活性因子对于时代社会局限和缺陷的批判，其结果是实现“批判性继承”基础上的“创造性转换”。

这种批判与转换首先需要价值观及其社会制度上宽松的自由和民主氛围。其实不论对于哪一种民族的文化发展而言，只要不强制它而给它一个能够自由讨论和选择的外部环境，这一民族的文化必然在自然更替及融合中百家竞秀多元并存地自由发展，进而繁荣。其实中国传统典籍中也包含着丰富的自由民主思想，因此需要经过批判与转换，尽力将这些自由民主思想转换为适应现代中国社会严峻现实的力量，借以推动建设和确立自由表达、兼容并包的现代文化制度。

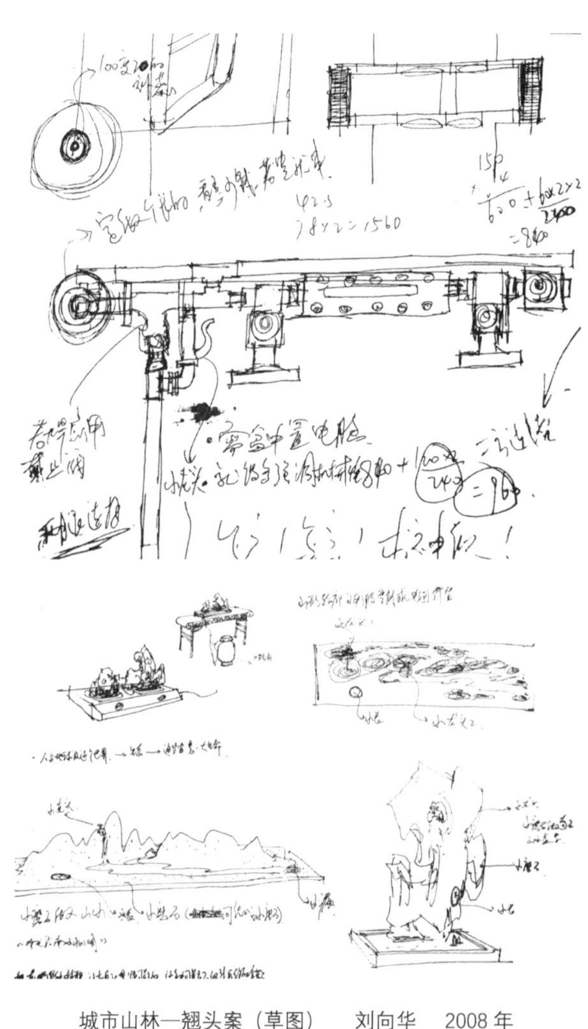

城市山林—翘头案（草图） 刘向华 2008 年

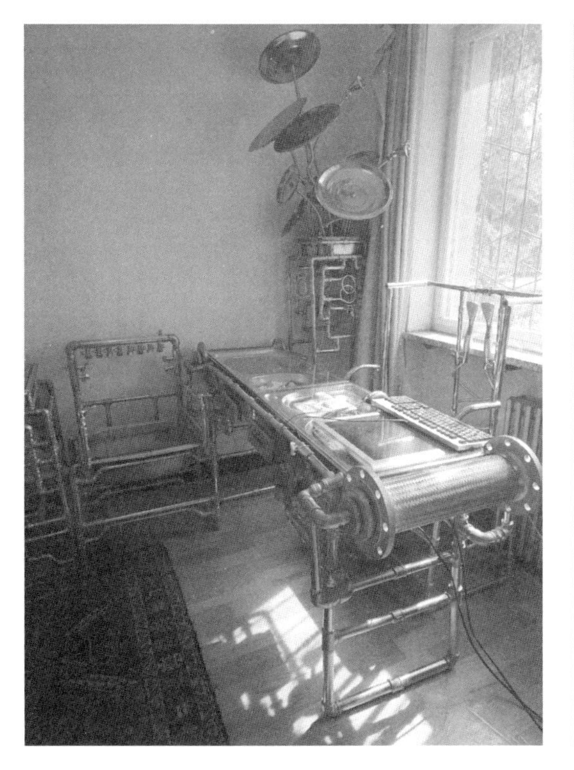

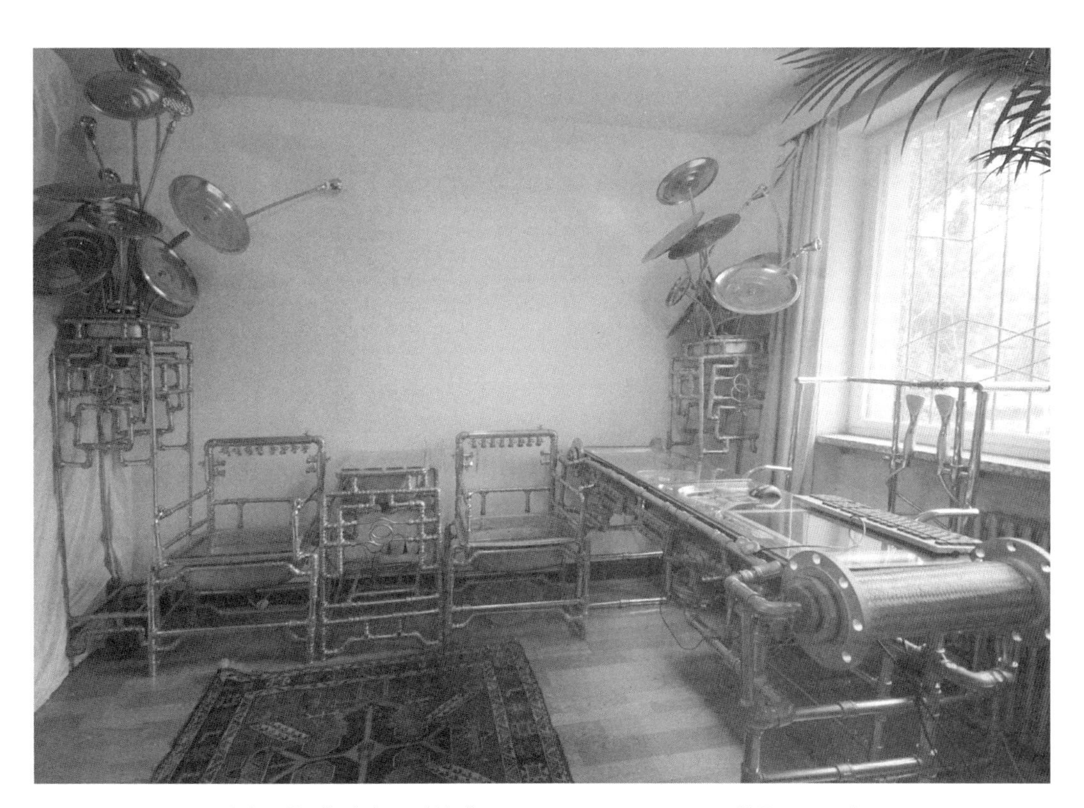

城市山林—翘头案　刘向华　65cm×180cm×105cm　装置　2008 年

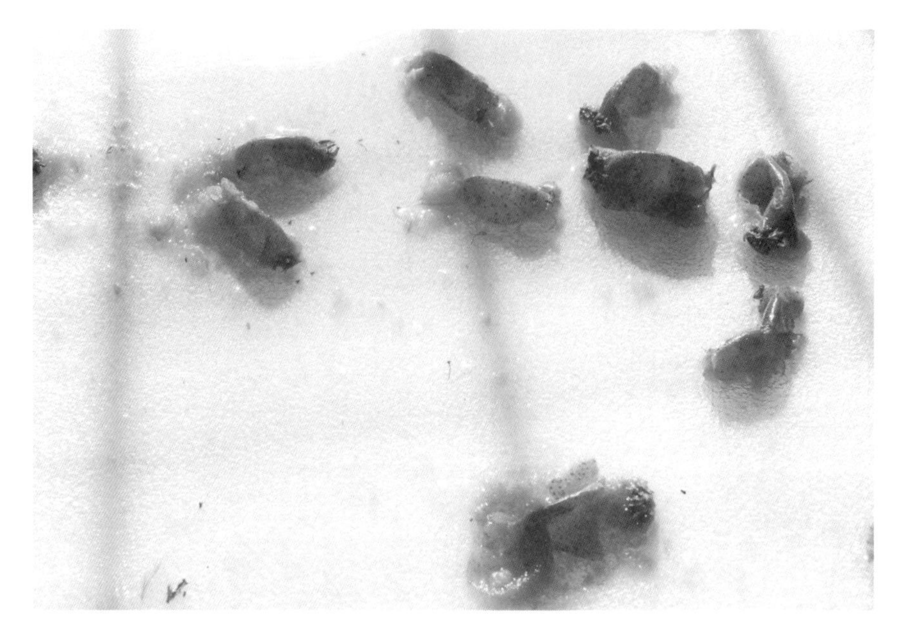

履冰　刘向华　可变尺寸　现成品摄影　2010 年

卫生巾鼎　中央民族大学美术学院 2018 级环艺本科一年级设计造型基础作业 学生：孙艳冰　指导教师：刘向华

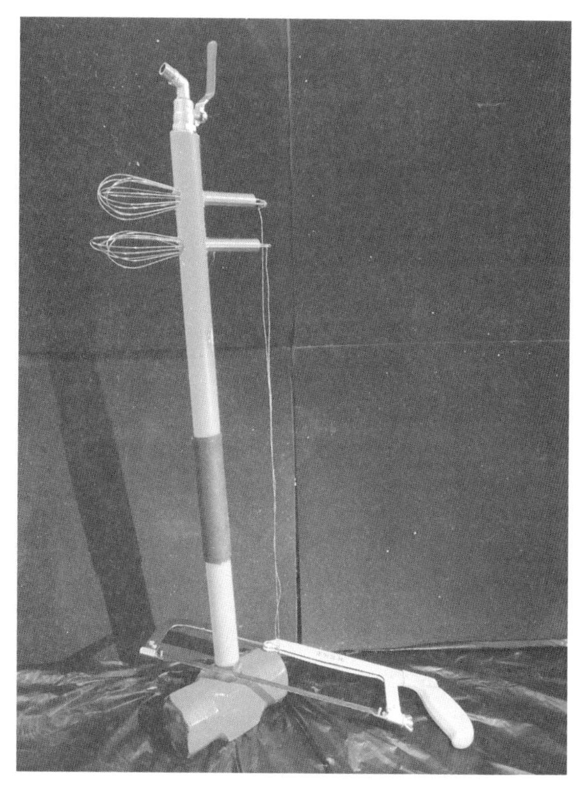

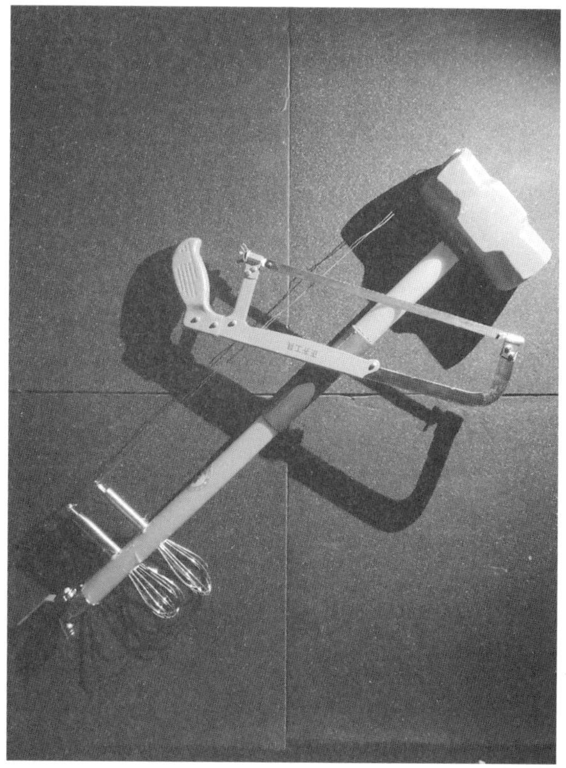

胡 中央民族大学美术学院 2018 级环艺本科一年级设计造型基础作业
学生：孙智鹏 指导教师：刘向华 2019 年

3.4 延续与吸收

民族造园经验当代转换，在时间向度上从传统里延续什么？在空间向度上从西方吸收什么？

民族造园经验当代转换，若仅仅将其视为表层空间营造的材料技术转换，则大大缩小了它的内涵，民族造园经验当代转换更是一个文化系统的转换。民族造园经验当代转换的特殊性既不能以材料技术的构成来限定，又不能以营造方法和法式来限定，更不能以它具体的形态样式来限定。它是多种因素综合而成的特殊的空间经验系统，由于条件所限，此处仅就文化和审美层面进行探讨。民族造园经验当代转换的文化审美特殊性包含着中国人对时间、空间的独特理解和领悟。“虽由人作，宛自天开”的天人合一的文化审美意境是民族造园经验追求的目标。同时，作为中国传统园林空间物质营造的材料工艺及法式经验也是民族造园经验系统中重要的内在结构。民族造园经验是由多种内在结构有机组成的系统。其转换就是从这种民族经验系统演化而来，这种天然的联系是不可割裂的。民族造园经验转换可以从传统里延续观念，例如天人合一、虚实相生等；也可以利用传统中的某些空间形式，例如壶中天地、中心至上、线性空间序列等。

而批判的地域主义将浪漫的地域主义在新建筑上延续并利用记忆中熟悉的地方元素以博取观众的同情和共鸣视为一种不健康和缺乏生命力的近乎于“吸食毒品”的做法。但在民族经验转换的观念中这是可以包容和接受的，因为依托于全球网络资本流动的逐利模式，浪漫的地域主义通俗地组合使用有限的广告式词汇和形象，以最经济的方式满足大众对民间乡土风情体验的渴望，这本身就是民族经验的一种转换变异，商业化煽情模仿的民族建筑对民族地方乡土要素的解释性延续已经改变了其原生态的面目，无论是片段的抽取注入，抑或是整体的分解组合；无论是建筑的体量、功能、形式，抑或是材料、工艺、建造和使用方式。

在空间向度上从西方吸收什么？有西方现当代文化的强烈影响，民族造园经验才会发生如此剧烈的转换，中国传统的建筑与城市在几千年的历史中成功地保持了其清晰而稳定的特征，从来没有在如此短的时间内发生如此剧烈的变化，以至于过去那种延续数千年的建筑与城市特征如今大多已难觅踪迹。

虽然民族造园经验当代转换是将本民族造园传统中的某些因素抽出来加以演绎乃至错构，但很显然，民族造园经验当代转换不可否认地要吸收外来的尤其是西方的观念、手法和技术。为数不少的设计师和艺术家尽管声称要延续民族传统文化，但事实上他们身不由己地从西方吸收营养。学习西方的空间观念、手法和技术都无可非议，也是不可避免的，关键是在西方与本民族经验的基础上怎样创造出顺时、适地、应人的城乡空间。实际上，

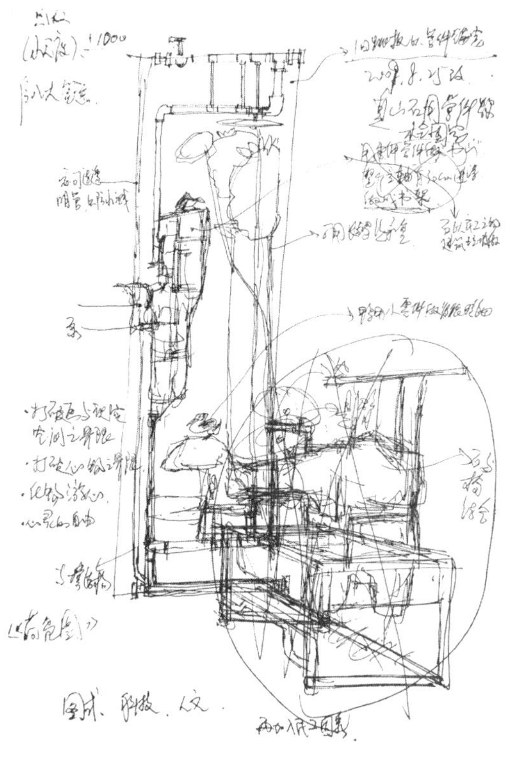

城市山林一玫瑰椅　刘向华　56cm×50cm×130cm　装置　2007 年

从近代以来在整个民族文化处于弱势的大背景下，民族造园经验当代转换在很大程度上是吸收来自西方的建筑观念和技术对民族传统的再解释，一种将过去的代码翻译成当代社会代码的努力。这种文化相互影响和重新解释的能力实际上是一个民族文化生命力的体现，也是民族造园经验当代转换的一种路径。

民族造园经验当代转换，是一个从本民族传统中延续活性因子和从西方乃至世界吸收精华的过程。中西方建筑园林与城市环境艺术具有各自的差异性特点。就城市而言，中国古代城市高大的城墙和诸如里坊制等这类严格的管理制度突出了其安全防卫和秩序控制的功能；西方城市虽然早期也很注重防卫功能，但随着商业贸易的繁荣和民主自由思想的普及，城市中各种形式的公共空间使城市呈现出了更多的公共性和开放性。就园林建筑而言，中国古代将厅堂轩馆等各种形式的建筑称为舍，“舍”这个概念包含着不求原物长存的观念，中国古代建筑的周期与人的生命周期接近，用西方现代建筑学的说法这是一种可持续发展的绿色建筑观念。而西方建筑的 Architecture 包含着 Art 和 Tectonic 两方面含义，即利用技术建构有纪念性的人造物的意思，西方建筑虽然作为有纪念性的人造物得以长存，人类的文明得以被纪念，但却形成与自然的对抗。长此以往，城市就会出现问题。

总之，面对中西方传统建筑园林与城市环境艺术的这些差异性，民族造园经验当代转换需要延续民族建筑园林传统中诸如“舍”这样的活性因子，还可以在某些具有重大长远意义的建筑物中吸取西方建筑的纪念性观念；在城市的整体结构上一定程度地延续中国城市传统的秩序性，同时在城市的局部空间中吸收西方城市的公共性和开放性。

城市山林—玫瑰椅　刘向华　56cm×50cm×130cm　装置　2007 年

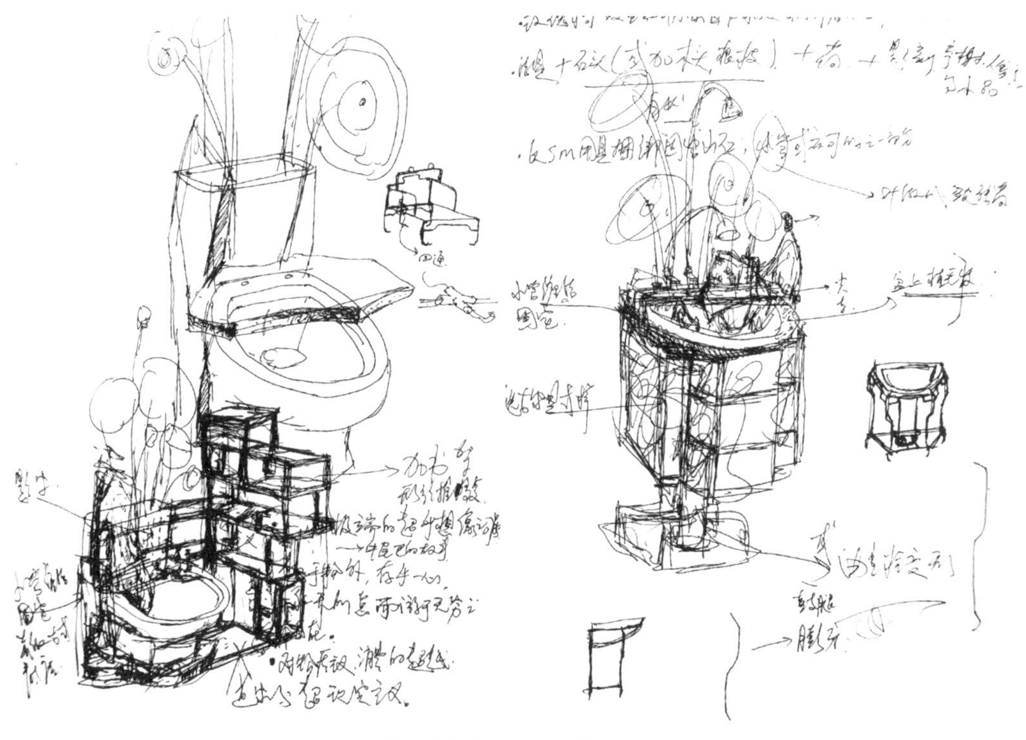

如梦令（草图）　刘向华　2009年

如梦令　刘向华　70cm×40cm×110cm　装置　2009年

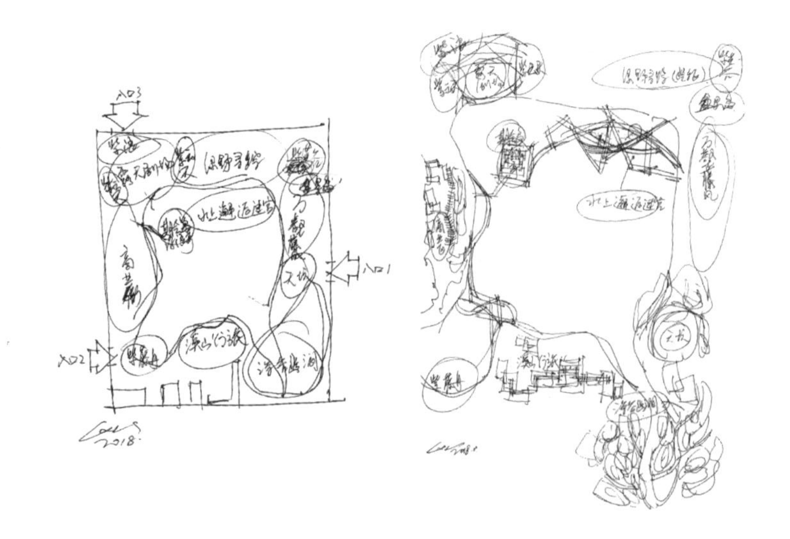

"紫合苑" 取紫藤 "卧虬抚霞，连理合德"之意，即超越外在功利而逍遥无为，尊崇内在人性而顺应自然的天人合一境界。

《紫合苑》位于有悠久中国园林及紫藤文化传统的杭州城郊，紫藤作为布置庭园和荫棚的著名观花藤本植物之一，在我国栽培历史悠久，自古以来就是中国造园的重要植物种类，历史上的文学家们也写过不少赞美紫藤的诗篇。《花经》有曰："紫藤缘木而上，条蔓纤结，与树连理，瞻彼屈曲蜿蜒之伏，有若蛟龙出没于波涛间。仲春开花。"李白《紫藤树》："紫藤挂云木，花蔓宜阳春，密叶隐歌鸟，香风流美人。"唐代李德裕《忆新藤》：遥闻碧潭上，春晚紫藤开。水似晨霞照，林疑彩凤来。在《梦溪笔谈》、《植物名实图考》，等等古籍中也均有涉及。在中国漫长的历史长河中形成具有民族特点的紫藤文化。《紫合苑》的设计理念主要包括以下方面：

其一，《紫合苑》设计方案在追求公共空间品质的同时，营造中国传统道家文化超凡出尘的世外境界。紫藤与中国传统文化尤其道家有着深厚的渊源。道教崇尚紫色，与之相关的神仙和事物也都被冠以"紫"。《抱朴子•内篇•祛惑》："及到天上，先过紫府，金床玉几，晃晃昱昱，真贵处也 。"南朝梁沈约《郊居赋》："降紫

紫合苑　设计：刘向华　制图：郑克旭、柴天滋、李知农、庞振豪、顿亚鹏　园林设计　2019 年

皇于天阙，延二妃于湘渚。”“紫皇”指的是道教传说中的神仙。唐代卢照邻《羁卧山中》：“紫书常日阅丹药几年成。”“紫书”是指道教经书，等等。中国古代道家按易经在天文上将星空分为所谓“三垣”，即紫微垣、太微垣和天市垣。其中，紫微垣居于中央，是古人心目中天帝的居所。而人间的皇帝自称“天子”，天子居住的地方也就有了“紫台”、“紫宫”、“紫禁城”等一系列称呼。“紫合苑”既蕴含着深厚中国传统紫藤文化的尊严及品质，同时也蕴含道家皈依自然的涵义。在《紫合苑》设计方案中以一种当代的方式重新体现，如“溪山行旅”景区登高望远与天地相往来，期会岛、万壑藤风、紫藤天坑等景区中宛若“紫气东来”的各种紫藤构架空间既象征着尊贵，也让人感受着超凡出尘的世外气象。

其二，《紫合苑》的道家观念还体现在“无为”的自由境界。老庄尊崇自然之道，认为天道无为，人性应与天道同化，万物皆应顺应自然，保持自然之态。认为对人性的任何约束都是对天道的损害，道家从与自然的同一、人在自然中获得的慰藉与解脱去看自然山水美，把自然的美与主体的“自喻适志”逍遥无为相联系，因而对自然的审美感受，是由自然唤起的一种超越了人世间的烦恼痛苦的自由感，把自然作为“道”的“无为而无不为”的表现来看。“紫合苑”设计方案中的深谷幽涧景区、绿野寻踪、紫英谷等，

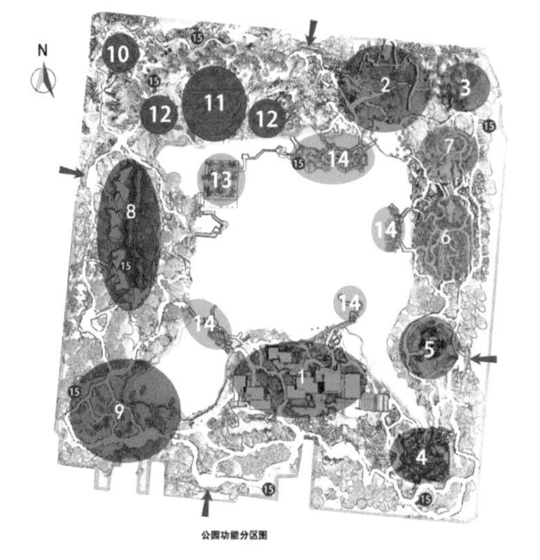

公园功能分区图

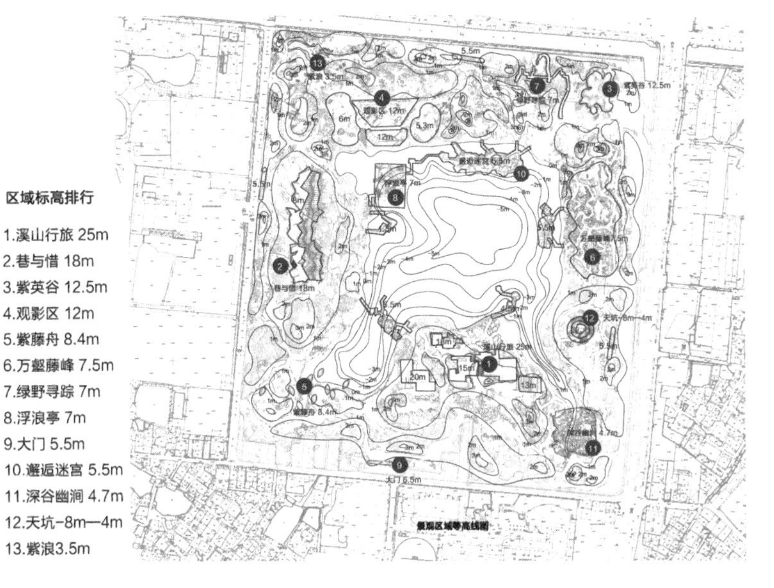

紫合苑　设计：刘向华　制图：郑克旭、柴天滋、李知农、庞振豪、顿亚鹏　园林设计　2019 年

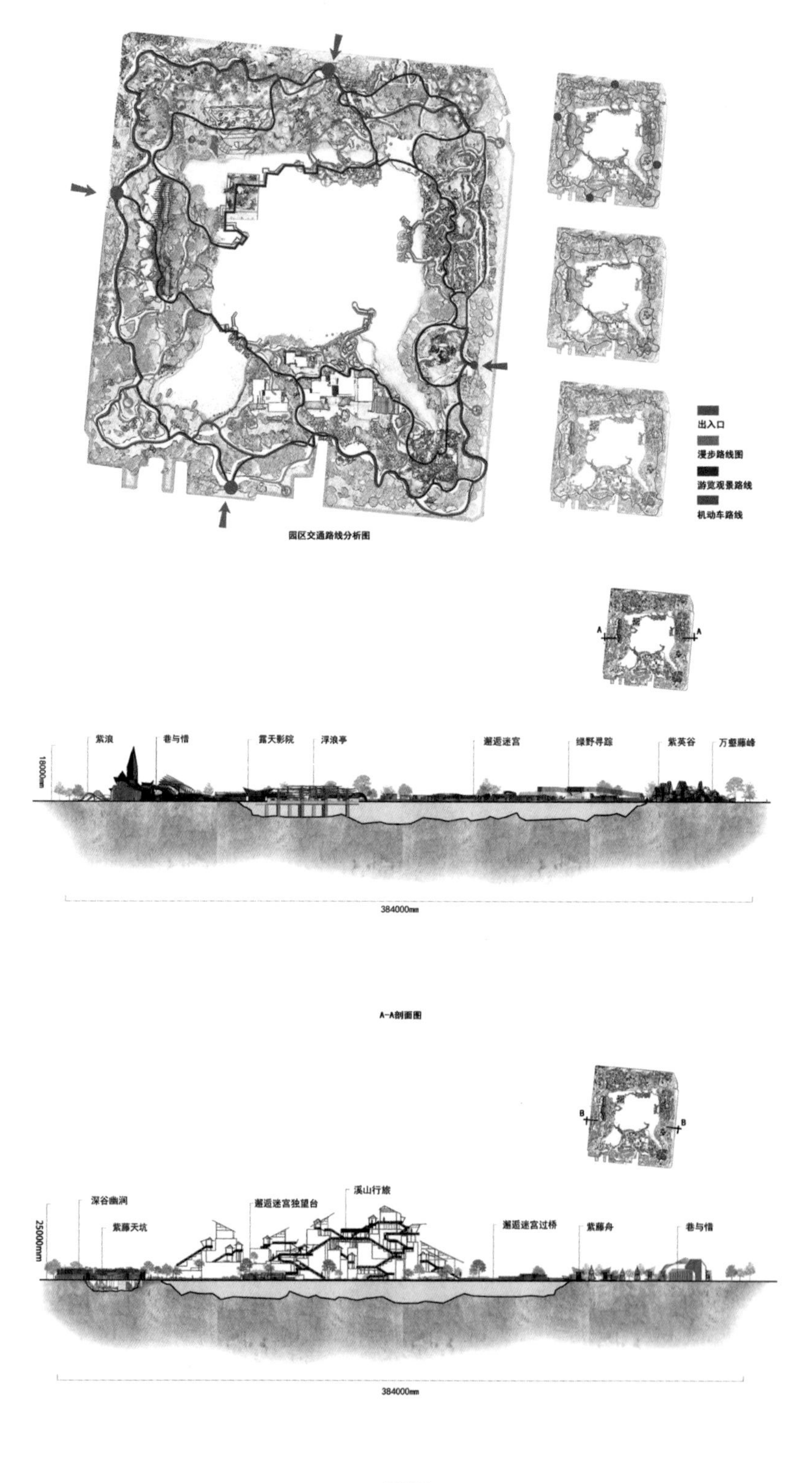

都是以这样一种越名教而任自然的理念在现今社会里创造一处无为的自由境界。无为表现在一个“闲”字，闲是酝酿文化的根据。不闲暇不自由地陷入一个社会秩序里面，人就如同提线木偶，你以为你在做什么，其实你是被人操控的，你的每一个欲望都是一个线。而在闲暇时间里你可以随便去想，人还是有欲望，我们希望多一点时间在紫藤花架下喝喝茶聊聊天。“卧虬抚霞”的“紫合苑”在总体上所营造的就是这种超越外在功利，逍遥无为而无不为的至高境界。紫藤文化的至高境界是一种淡而远、返回主体的境界。紫藤所蕴含的中国传统道家文化给我们这样一个可能性。所以闲暇是最好的，无用之用才是最大的用，这利于文化创造，是人性的恢复。

其三，《紫合苑》的造园理念也正如这富有人情味的中国传统文化人文精神的紫藤花。洁白绛紫美如云霞，是爱情友谊见证，乃心灵情感之花。心灵相通是为“合”，以此延伸出“紫合苑”的这个“合”字：在物欲横流、尔虞我诈的功利社会重申和珍

紫合苑　设计：刘向华　制图：郑克旭、柴天滋、李知农、庞振豪、顿亚鹏　园林设计　2019 年

视发自人性的友情、爱情、亲情、师生情、知遇情、同窗情、共事情、同道情……乃至所有的世间真情。无论是邂逅迷宫景区，还是期会岛、露天影院、紫云天、紫浪等景区，“紫合苑”所营造的也是这样一个“连理合德”尊崇内在人性而顺应自然的真情场所。例如紫云天几处藤架涡谷周圈设竹制长椅，地面硬化形成广场舞池，增强紫藤架构设计方案互动性参与性，满足公众活动，尤其庞大的广场舞人群健身同时沟通情感的需求。但“霁月难逢，彩云易散”，经受过时间涤荡的真情却总是平淡的。相对于西方消费社会文化功利导向而一味向外扩张对人的刺激，中国传统文化包括山水画、园林中“淡”的观念日益显示出其民族文化的差异性价值。淡则弥远，《中庸里说:“君子之道淡而不厌，简而文”。君子之交淡如水也就是这个缘故，“淡”的观念内在于超越功利的自在与平和，外显为形态的简洁灵动。“紫合苑”

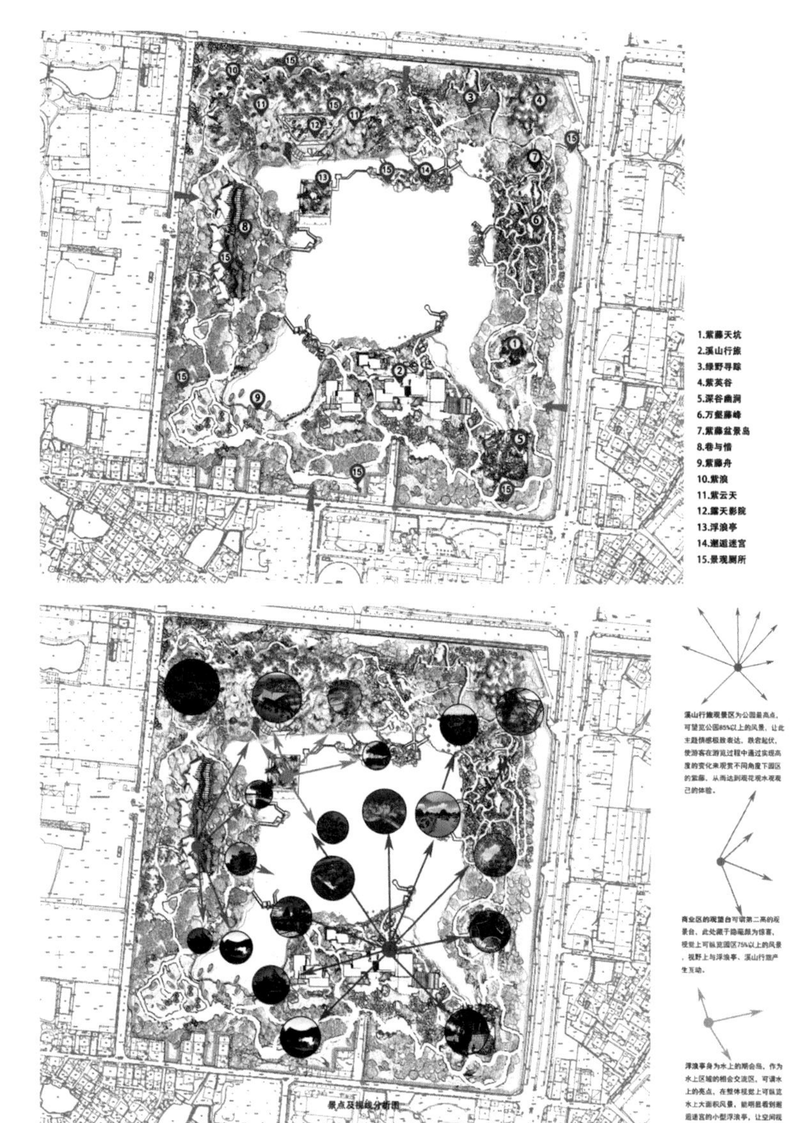

紫合苑 设计：刘向华 制图：郑克旭、柴天滋、李知农、庞振豪、顿亚鹏 园林设计 2019 年

的主色调是“淡”的，淡则可于外在纷繁复杂间免除不必要的矫饰和伪装，留下心有灵犀一点通的真诚灵动，“紫合苑”作为留存自然真情的场所，营造出人们相遇相会时真情相通彼此珍惜的环境氛围。其四，《紫合苑》所谓“连理合德”的设计观念重新诠释了“虽由人作，宛自天开”的传统造园理念。人类要生存，本来就要改造自然，那种纯粹保持紫藤自然形态状若柴草的园林不足称道，但是要做到道家的“先天而天弗远”，就需要在设计中找到和自然共同相处互动的法则，方能做到《易经》里说的“与天地合其德”。《紫合苑》设计方案以中国传统园林文化理论为背景，利用和发挥中国传统文化意象及古典园林中紫藤的文化意蕴，尊崇人性的同时也顺应紫藤的自然天性，营造出丰富的紫藤空间，如：紫藤露天剧院的紫浪、紫藤华盖、紫藤穹顶，溪山行旅的紫藤爬山廊、紫藤亭；紫藤街商铺的紫藤珠帘，万壑藤峰的紫藤峰、紫藤洞；还有紫藤天坑、紫藤舟、紫藤迷宫、紫藤谷、紫藤堑道、紫藤廊桥、紫藤动物、紫藤盆景等，从而打破造园中对紫藤应用长期形成的“千藤一架”思维定式，创造出具有强烈公共开放性、参与互动性及当代审美情趣的紫藤构架空间和天人合一的园林艺术境界。

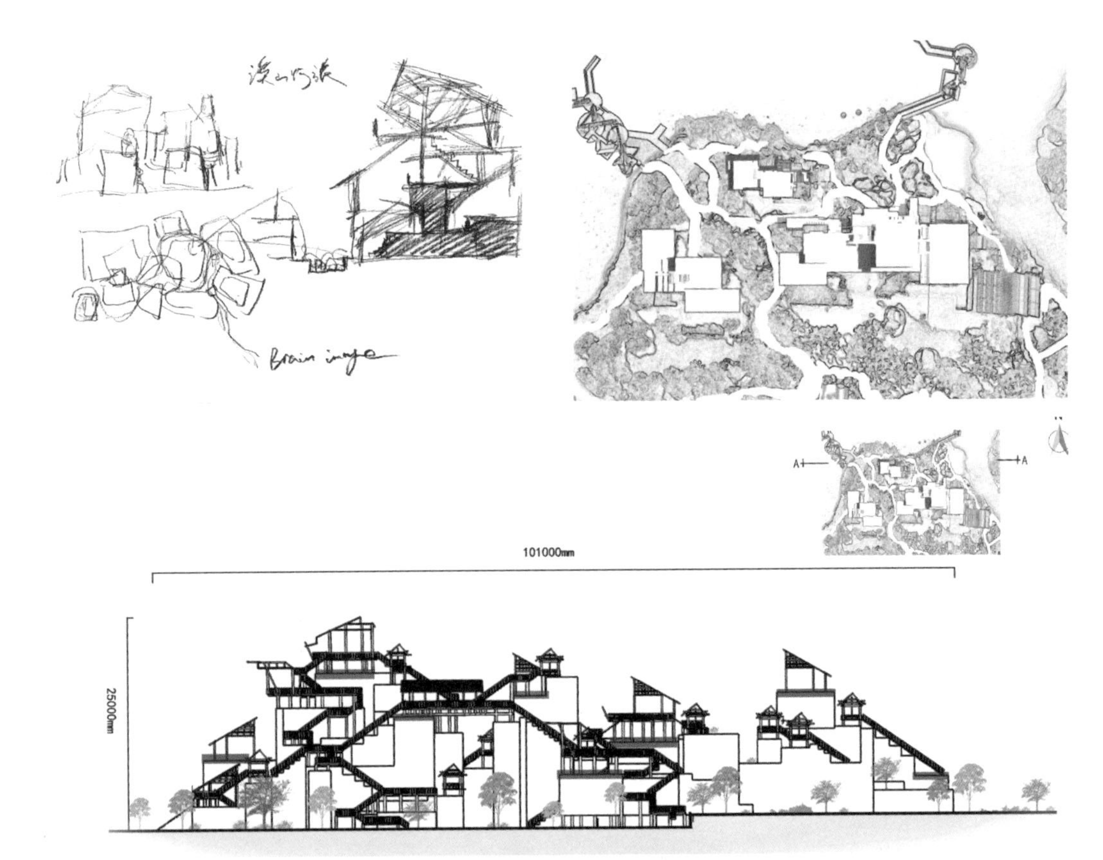

溪山行旅　设计：刘向华　制图：柴天滋、庞振豪　园林设计　2018 年

溪山行旅景点以北宋范宽《溪山行旅图》为造园意象：巍峨高耸，山体气势逼人，山顶树木茂盛，山谷深处一瀑如线，飞流百丈，峰下巨岩突兀，林木挺拔。此意象在景点设计中由紫藤覆盖的高大块面山体结合紫藤梁架构筑转化而来，并配以千回百转的爬山廊架，人们由紫藤行旅而凭栏临风，未相识却不期而遇，最终在有限的空间中实现无限的景致变化并触发观者之间的无限可能。

溪山行旅　设计：刘向华　制图：柴天滋、庞振豪　园林设计　2018 年

溪山行旅　设计：刘向华　制图：柴天滋、庞振豪　园林设计　2018 年

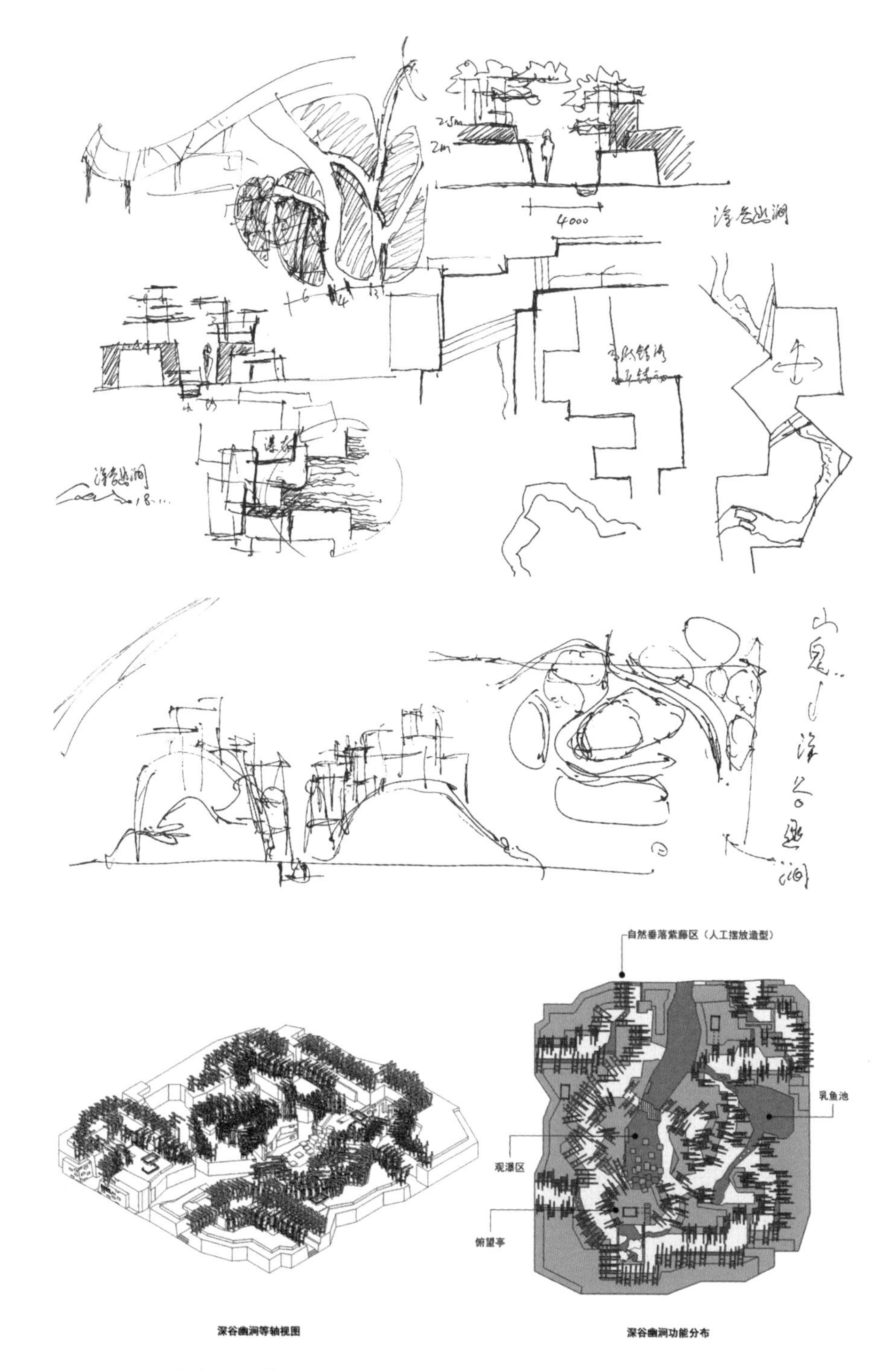

深谷幽洞　设计：刘向华　制图：顿亚鹏、庞振豪　园林设计　2018 年

曲径通幽，放慢脚步，感受自然，深谷幽洞景区为人们营造了一处暂离喧哗、真情相守、沉淀心灵的场所。婉转开合的深谷幽洞由厚重的岩壁与高挑的紫藤花架及或明或暗迂回转圜的水洞组合而成，在借鉴寄畅园八音涧及方塔园堑道的基础上，根据紫藤主题及项目具体条件，力求中国传统园林营造手法的当代转换，营造紫藤满谷水流落英的烂漫幽深氛围。深谷幽洞源头设有宽阔的观瀑区、水上步汀错动，脚下锦鲤游弋，登上观瀑区周围紫藤高台临俯望亭，可俯瞰乳鱼池及整个山谷，鸟鸣山更幽，幽深清净让人反思自省，真情流露、宁静致远。

深谷幽涧　设计：刘向华　制图：顿亚鹏、庞振豪　园林设计　2018 年

深谷幽涧　设计：刘向华　制图：顿亚鹏、庞振豪　园林设计　2018 年

鹊桥近景

湖中小岛，为鹊桥中心

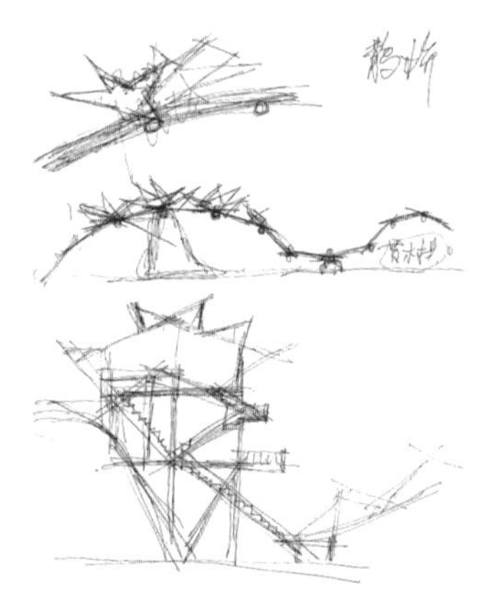

① 鹊桥景观 ② 戏水区 ③ 婚礼区 ④ 漫步区 ⑤ 迷宫探秘区 ⑥ 垂钓区 ⑦ 老年大学

鹊桥 设计：刘向华 制图：霍庆煜 园林设计 2018 年

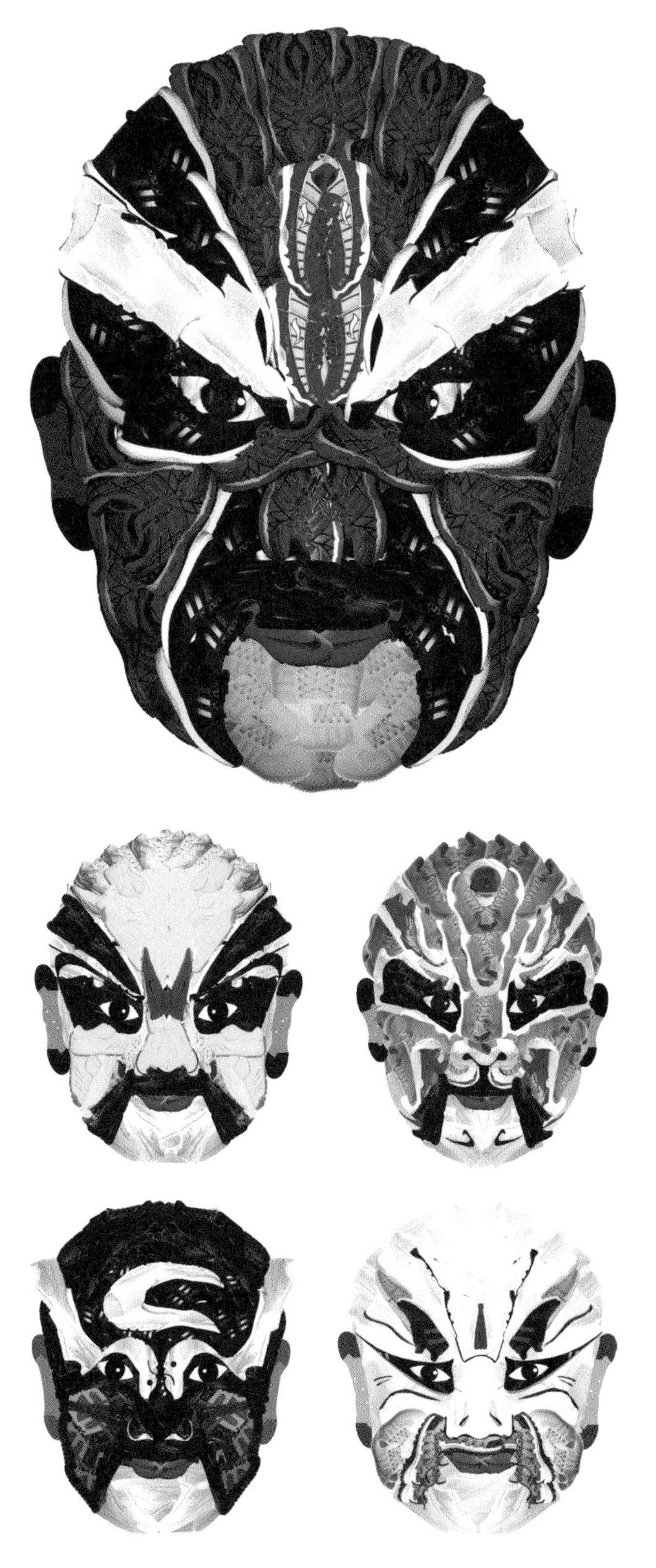

脸谱系列装置方案 刘向华 可变尺寸 2019 年

①主题思想：本项目利用全球化分工生产、流通及消费后的各种废弃鞋子来制作以京剧脸谱为原型的脸谱组雕，以中国传统造物顺应既有环境条件的"物来顺应"思想，从京剧脸谱中正仁和的哲学境界、兼容并蓄的处世态度、不住实相的艺术思维，挖掘"中正仁和，兼容齐物"之道所蕴含的能涵盖过去和今天的"生生不息、百折不挠、坚韧不屈"的民族精神，并赋予其新的形式，实现传统艺术形象和民族精神的当代转换和发扬，于当代框架中打通民族传统与全球化价值内涵的一致性，为时代塑像明德，与时俱进地重新诠释民族精神的当代艺术"脸谱"。具体包括以下三点：

"物来顺应"的观念智慧："灵明无着，物来顺应，未来不迎，当时不杂，即过不恋"，与时俱进地利用当代日常生活废弃物的"脸谱"系列雕塑，因时因境制宜而不住实相、顺其自然、不役于物、活在当下，是源自民族传统文化"物来顺应"的观念智慧。

"兼容齐物，中正仁和"的思想境界：所谓齐物即"天地与我并生，而万物与我为一"，如此方能兼容并蓄，海纳百川，有容乃大。废弃物系列雕塑"脸谱"不仅源自中国传统艺术和民族精神，且兼容并蓄西方当代艺术的错构与重组等观念方法，这与京剧及其脸谱博采众长的艺术特性、兼容并蓄的艺术态度是一致的。

废弃物系列雕塑"脸谱"传承京剧中儒家美学"中正仁和"的思想境界：雍容中道，哀而不伤，乐而不淫，承载着中国人威武不屈、富贵不淫、贫贱不移的坚韧生命态度。"脸谱"组雕融合古今东西不同思想观念，正如其各种色彩、款式、性别、材质的废弃鞋子相互结合、抛弃偏见、水乳交融，亦如京剧及其脸谱的生成和各流派间你中有我我中有你、艺人间薪火相传，均呈现出"中正仁和"的思想境界、艺术境界，此乃京剧脸谱艺术深层的精神构成。废弃物组雕"脸谱"表现的是中华民族"兼容齐物，中正仁和"的高级思想境界。

"生生不息、百折不挠、坚韧不屈"的民族精神：废弃物组雕"脸谱"包括红、黑、黄、蓝、白五种京剧典型色彩人物类型。京剧在北京诞生时值中国社会百年沧桑巨变的特殊年代，这些代表不同性格、性情或类型的各色人物脸谱都饱含着对国家、民族、生活的挚爱，其沉郁庄严、中正大度的形态面貌和精神气度是晚清国运衰亡的中国所需要的，在其秦腔之激昂和昆曲之精微间的哀而不伤、乐而不淫的美学品格深处，隐含着这个国家历经劫难浴火重生的民族精神。"脸谱"组雕以当代日常生活废弃物为材料，重新运用这种以人的面部为表现手段的、具有民族特色的视觉艺术，描绘时代历史巨变下中华民族的精神图谱，与时俱进地塑造和表现中国人骨子里"生生不息、百折不挠、坚韧不屈"的民族精神。

②创作构思：利用日常生活中难以降解的废弃橡胶皮革材质的运动鞋及各式鞋子，抛弃对材料和事物的高低贵贱差别之心，不受既定思维观念限制，创作以京剧"脸谱"为原型的组雕，回应国际资本流动及消费盛行的当代社会人们普遍遭遇的种种现实环境、社会心理尤其民族文化认同问题。废弃物组雕"脸谱"的创作构思，将"物来顺应"的观念智慧、"兼容齐物，中正仁和"的思想境界、"生生不息、百折不挠、坚韧不屈"的民族精神，落实在民族传统"不住实相"的艺术思维及西方当代艺术"重组与错构"的艺术手法上。

"不住实相"的艺术思维：京剧表演以桨代船，以鞭当马，如水墨写意，七八人即雄兵百万，三五步则踏遍天下，这种"不住实相"的写意艺术思维的源泉是老庄的齐物论，齐物论对一切事物的观照最后都落实于对"道"的观照，"道"不仅包含着"有"也包含着"无"，是有无虚实的统一。以各种废弃鞋子塑造的系列雕塑"脸谱"虽源自京剧脸谱，但无论其现成品的形态、质感、结构都具有陌生感，区别于追求外在形似的西方艺术，而注重京剧脸谱内在民族精神气质的神似，承接了中国绘画、京剧等传统艺术追求真意而"不住实相"的写意艺术思维。

"重组与错构"的方法手段：在网络全球化的都市空间文化模式下，艺术创作中对民族地域历史文化及普适日常消费文化的"重组与错构"日趋常态化。承载民族地域文化信息的京剧"脸谱"，以废弃物雕塑装置或公共艺术项目策略性地"重组与错构"而激活民族传统或城市空间，突破现代主义单面功能唯物效率是图的既有消费文化或广谱建筑及城市的固有结构功能边界禁锢。雕塑装置及公共艺术创作实践中"重组与错构"的一个基本方式就是废弃物再利用：各种款式图案色彩的废弃鞋子，携带着时空轨迹中人类制造并损耗这些旧物的历史信息，记载着丰富人性特征的痕迹，以废弃物再利用来重新认识和拆解现代主义单面功利逻辑之网所界定的世界，发现现代社会生产、生活物品既定功利逻辑之外新的可能，"重组与错构"出一个多姿多彩富有人性而更有意思的世界，废弃物品之间及其与所"重组与错构"的民族地域艺术形态京剧"脸谱"及所处空间环境之间呈现出一种悖论关系，其意味不仅来自于废弃物的现成品观念，更来自于其"以惯例为转移的差异"的艺术边界拓展。

③艺术特色：一、在观念上，承接中国传统文化因时因地制宜而顺其自然、不住实相、活在当下的物来顺应思想、汲取当代生活美学理念，与时俱进，赋予本项目在民族传统基础上转换创造的当代艺术特色；回答时代课题，将"兼容齐物"的思想及"物来顺应"的中国传统观念智慧，落实在极富民族特性的"不住实相"的艺术思维及其表现的民族精神上。二、在形式上，组雕作品利用当代人们日常生活中的运动鞋等各式废弃鞋子，组成红、黑、黄、蓝、白五色典型京剧人物"脸谱"，在民族传统艺术形象与当代人们日常生活之间无缝连接，雅俗共赏，并可根据时代社会的发展及鞋子款式的更新变化创作更多不同性格特征的"脸谱"，具有轻松好玩、平等自由、流动变化的"轻匀流"当代艺术特色。

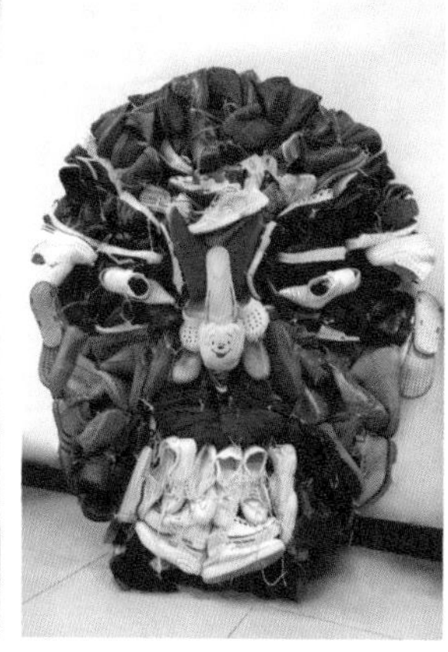

齐物　主创：刘向华　制作团队：王子长、兰星瑜、陈婉怡、蒋千诺、王涵、孙炜辰、宋佳露、俞俊、戚桂鹏、郝蕙榆、韩雨恒、李欣睿、王璐、蒋蓉、阮嘉成、官小楚、孙智鹏、孙亚茗、郑丽琴、罗瑞霞、赵玲玉
现成品装置　160cm×83cm×195cm、145cm×50cm×170cm、155cm×60cm×185cm　2019 年

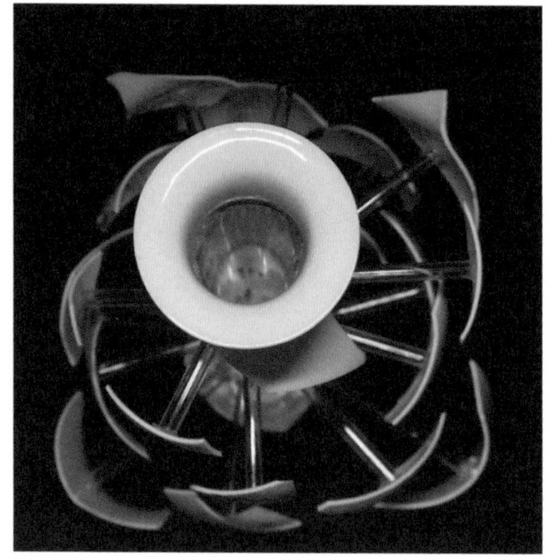

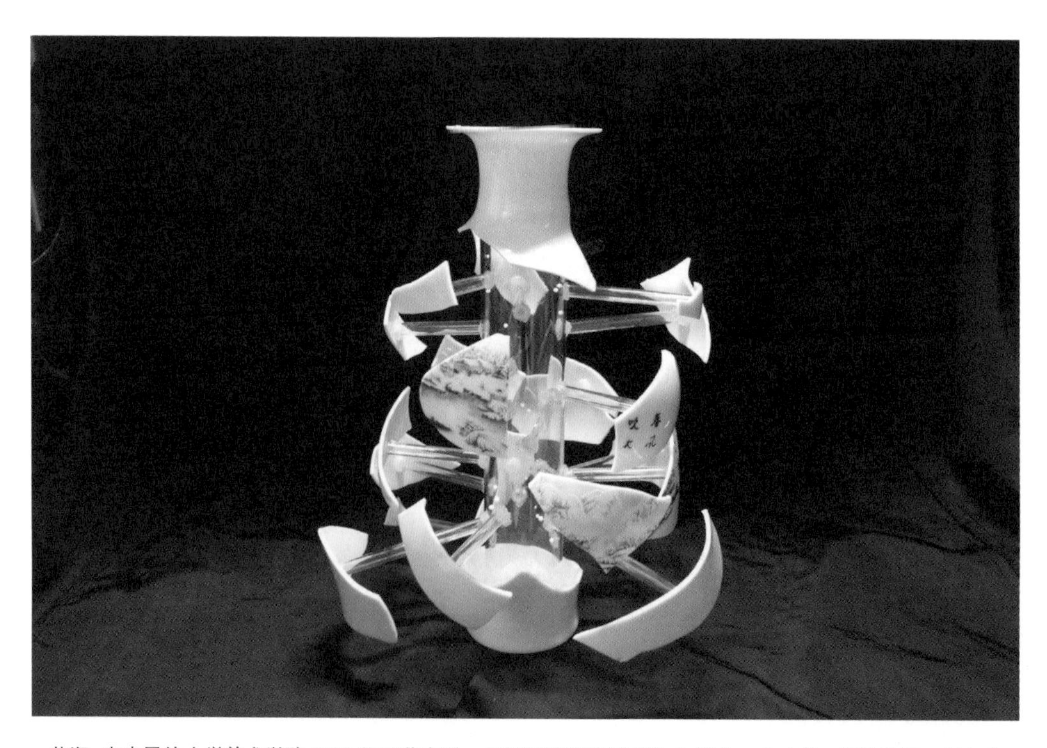

花瓶 中央民族大学美术学院 2018 级环艺本科一年级设计造型基础作业 学生：官小楚 指导教师：刘向华

云盘 中央民族大学美术学院 2018 级环艺本科一年级设计造型基础作业 学生：罗瑞霞 指导教师：刘向华

3.5 可能及适当

社会结构和民族认同的网络化转换为我们提供了一个文化价值系统重塑的契机，经由网络超级文本所提供的时、空、信息及人与物的复合而赋予我们一种新的环境艺术与城市文化的可能，那么这种可能是怎样的？

民族造园经验当代转换从传统中脱胎而出，目的是要解决本土环境艺术所面临的当代问题。但许多实践的结果却往往呈现这样一种局面：一方面，民族造园经验当代转换和西方现当代相比，缺少新颖、张力以及自由度。与民族传统相比较，又少了精妙、价值系统支撑和深层的文化感；另一方面，这些艺术设计实践的手法和方式往往是套用西方艺术设计的现成做法，而它对时尚审美的贴近又决定了它的及格线并不高，这造成一种其可能性似乎很大的错觉，“转换”本身往往成了品质低下的借口。在“新古典”旗号下的低劣之作不在少数。可见，民族造园经验当代转换的可能是有品质前提下的可能，否则没有意义。因此，民族造园经验当代转换采取什么样的策略和手段就显得非常重要。批判的地域主义的基本策略是使用从地方和场所中的某种自主性中非直接衍化而来的要素，例如强调对建筑营建和结构构造系统（Tectonic）的建构要素的实现和使用，而避免简化为道具布景的矫情风景。在民族经验转换的观念里，这种非直接衍化而来的建构（Tectonic）是可取的，但它只是意味着一种可能而非界限，民族造园经验当代转换的策略和手段随后将专门探讨。

民族造园经验当代转换的可能包括将历史的内容或者说传统作为艺术设计形式的表达。因为民族文化的特质来源于民族在历史中的不断积累。即使是废墟化和碎片化的民族自身传统仍然可以作为我们的基础和出发点，因为这总比一无所有的蛮荒来得要好些。但对民族历史的内容或传统的转换，交织着历史的情结和当代的现实，无论是从空间的民族经验传统那里延续某些因素加以强化和演绎甚至错构或以“郢书燕说”方式的误读，或借用西方的空间观念、手法和技术对自身加以改造、提炼和抽象化、纯粹化，民族造园经验当代转换都需要把握适当的原则。

民族造园经验当代转换或许会逐渐脱离原有的民族园林空间范式和建筑法式，但并不意味着其民族性的削弱或丧失，否则就无需再议论“民族经验转换”了，因此，民族造园经验当代转换的可能性或正是囿于这样的范围。许多建筑师在民族造园经验转换这个有限范围内所努力做的正是一味地消除这个界限，无论就材料技术而言，还是空间手法甚至观念，都在向民族造园经验以外的方向扩展，这种转换实践实际上没有适当的界限，也就妨碍乃至彻底消灭了价值的独特性。民族造园经验当代转换虽无恒定绝对的界限，却有着适当的界限，这个界限的适当与否取决于当下中国所处的现实环境状况包括经济政治和文化现实。这决定了它与西方的区别及自身的界限，而这同时也正是它的特色。关于“适当”

容膝斋 刘向华 60cm×40cm×110cm
水墨现成品 2013 年

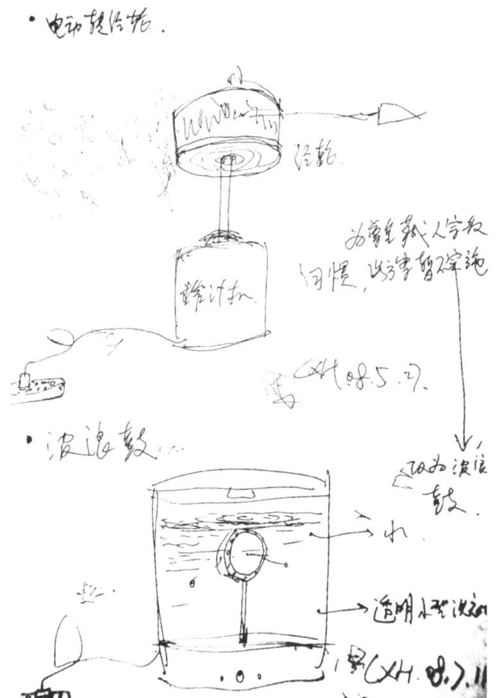

装置方案手稿图 刘向华 2008～2010 年

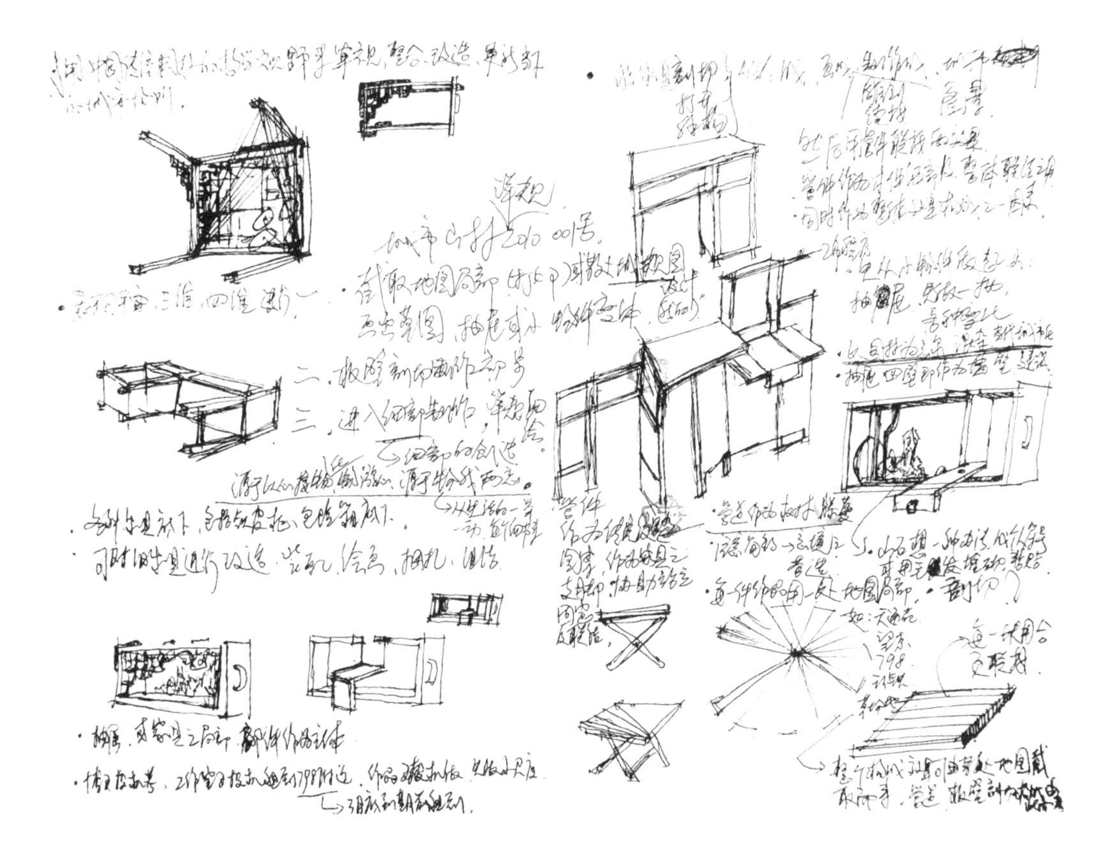

性的把握，民族经验当代转换的观念与“批判的地域主义”思想所持的辩证态度是一致的。

但所谓民族造园经验当代转换，更主要的是讨论过去与现在之间的适当关系。例如罗马火车站附近的一个教堂，初看不起眼，但里面十分精美，并且借助屋顶的天窗，利用不同时间的太阳照射角度，形成奇妙的物理现象。它是米开朗琪罗设计的最后一个作品，利用古罗马时期的浴池残垣做大门，整个教堂用的都是浴池废墟，是一个新旧之间“转换”的好案例。弗拉维奥·阿尔巴内西说“这不是一个彻底改变的时代，不是一个将现状铲平而完全重新建设的时代。我们不需要重新设立一个起点，不应该认为现在就是过去故事的结束。” 这种新旧之转换的成功案例还有许多，如魔幻水泥厂改建的办公室项目，1973年里卡多·波菲发现了这个水泥厂，一个19世纪与20世纪之交时的工业综合体，包括30个筒仓，地下仓库和巨大的机房。工厂当时已被废弃且部分成为废墟，它曾经是一个工业建筑各种形式的注解，被解释为野兽派、浪漫主义、超现实主义……改造回收利用原有建材和其他回收材料、原有结构尽量保存，只替换无法继续使用的少数构件。其实，这样适当地连接起过去与现在之间关系的空间在中国也有不少，天安门前面原来有个千步廊和大清门，大清门是真正的“国门”，在明代称大明门，在清代称大清门，民国时改称中华门。民国时期更换门名时，想把匾拆下来掉转个脸儿，准备把“大清门”三字翻到墙里，把背面朝外，刻上“中华门”三字。当把牌匾拆下来时，发现里面竟是“大明门”三字。此门所在位置现为毛泽东纪念堂。而在中华人民共和国成立初期，拆掉大清门和千步廊，以兴建天安门广场及纪念碑和纪念堂，以加诸作为虚体的院落空间之上的手段宣示这里是革命成果的中心，平心而论，这何尝不是一种适时适地的“适当”转换。

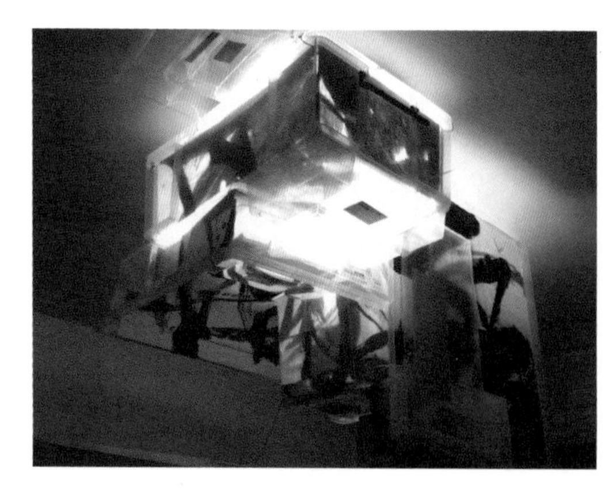

容膝斋　刘向华　60cm×40cm×110cm　水墨现成品　2013 年

①废弃物装置"脸谱"与时俱进地塑造表现中华民族"生生不息、百折不挠、坚韧不屈"的民族精神。挖掘激活中国传统的差异性价值，以废弃物京剧脸谱连接起传统与当下、民族与世界、民间经验与显性文本，传承和弘扬中华优秀传统文化，讲究筋骨、道德和温度，凝聚民族认同，表现当代中国发展进步和当代中国人精彩生活，阐释中国精神、价值和力量。

②对民族传统的创造性转化、创新性发展：进入并运用民族传统造物思想智慧中对当代有益的成分，将物来顺应的民族智慧运用于解决当代创作面临的问题，打通传统与当代价值内涵的一致性。废弃物组雕"脸谱"对"传统的转换"实乃挖掘能涵盖过去和今天的潜在内涵并赋予其新形式的创造，是深化"传统的转换"。

③保护环境、节约资源服务人民大众：本项目灵感源自老百姓日常生产生活中充分利用一切手头可用之物的民间"卑微经验"，以废弃现成品进行创作回应当今大量废弃橡胶塑料制品形成垃圾围城的环境污染问题，扎根人民服务人民，符合时代进步要求，具有保护环境、节约资源服务人民大众的现实价值和意义。

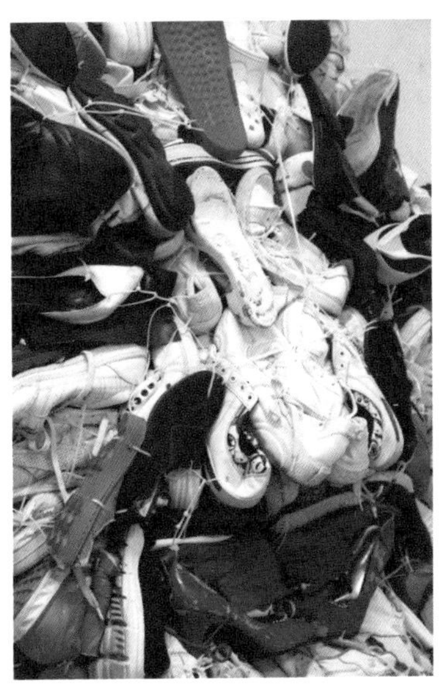

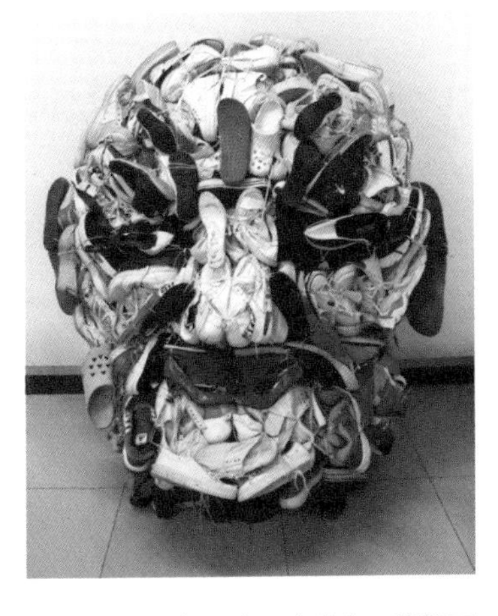

物来顺应　主创：刘向华　制作团队：杨炳鑫、黄显、王雅迪、张钰、南亚涛、毛璇、赵开心、宋世泉、董凯丽、孙艳冰、全双斌、郑成浩、于宛冰　现成品装置　105cm×85cm×155cm、135cm×83cm×173cm　2019年

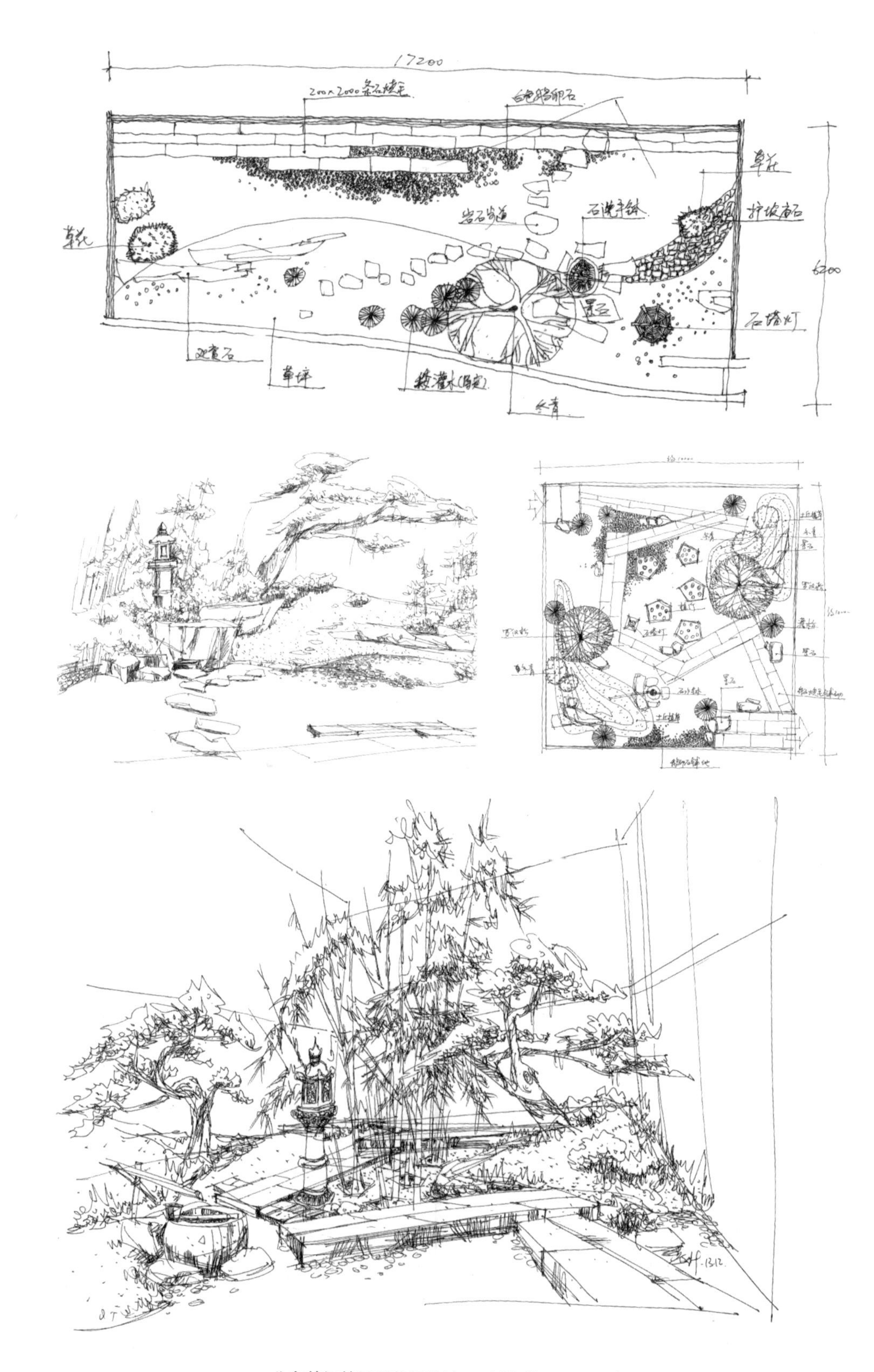

北京前门某屋顶花园设计　　刘向华　　2013 年

北京前门某屋顶花园设计　刘向华　2013 年

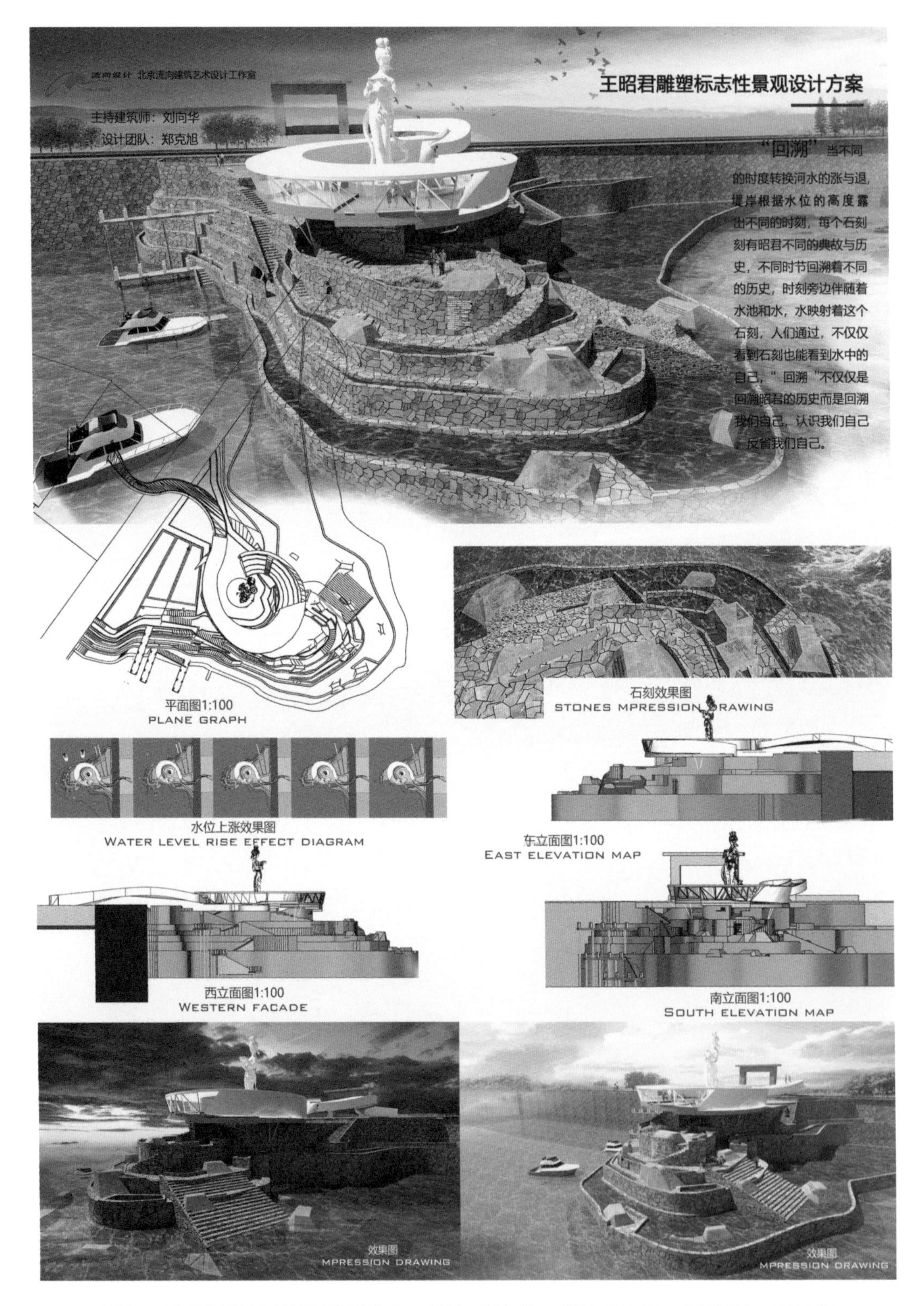

回溯 — 王昭君雕塑标志性景观设计方案 设计：刘向华 制图：郑克旭 景观设计 2018 年

紫英谷　设计：刘向华　制图：郑克旭　园林设计　2019 年

紫英谷位于园区东北角，连接绿野寻踪景点和科普教育园区。紫英谷运用竹竿搭建起一组组高低大小不同的峰谷状藤架，并围放组合出大小层叠的区域空间和曲折变化的游览路线，游人可在峰谷内设置的休息设施小憩或嬉戏，眼前头顶紫藤如盖，克服了平原坡地的景观视线单调感，营造出具有丰富竖向视觉艺术效果的园林空间。根据藤架离地距离及紫藤植株规格设置不同高度的种植坛。

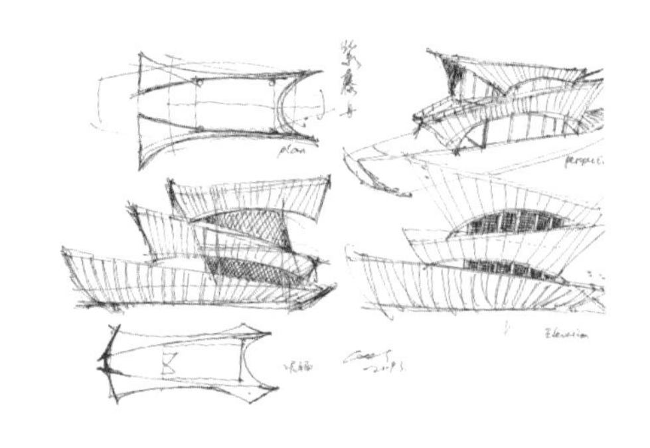

紫藤舟 设计：刘向华 制图：郑克旭 园林设计 2019 年

紫藤舟是本园商业餐饮区的餐饮体验空间，以竹木结构于水湾处营造出数艘二三层小舟，两层竹棚花架上紫藤盘桓，舟内空间为经营性餐厅或包间，有楼梯至船顶观景平台，觥筹交错间亦可凭栏临水眺望，头顶藤花绕梁，是名流雅士会客宴饮的美好去处。顶层设置种植坛。

3.6 此时此地

民族造园经验当代转换需要直接面对所处的现实环境状况，一种当下性的存在，尤其是其中所面临的问题。要解决当下迈入网络社会的中国建筑与城市面临的问题，当然不是建个地标建筑或新城广场那么光鲜简单，当下的问题在于：作为全球经济网络加工厂的代价之一，中国如何应对当今城市快速扩张在短时间集中大量人口、社会机构、生产要素与社会活动所导致的生态环境危机？如何在城市快速发展中解决配置和治理住房、教育、医疗等城市社会服务缺失与不平等？新城区的原住民包括城乡移民如何不再作为被忽视的弱势者而在城市的角落里持续积压和发酵，他们如何能转换为市民，取得都市服务。而在网络社会城市与城市群的新空间经验下，越界联系与认同集结及其生产网络所产生的不同于以往的新问题和新矛盾，都缺乏对应的制度治理。于无声处听惊雷，网络社会维权运动下市民城市的浮现使今天津津乐道的城市建设有可能成为明天的烫手山芋。

解决之道在顺时、适地、应人。从网络化的社会组织、经济功能、民族认同的建筑与城市空间形式演化等方面，不但要采取适应此时此地的方式和适宜的技术材料，更需要尊重此时此地人们基于民族认同自发努力的现有成果和未来意愿，进行建筑与城市空间的民族经验当代转换。城市建设不应是将此时此地的现状铲平而完全重新来过，莽撞少年才会认为现在是过去故事的结束，而实际上，故事仍在继续，从它的开始发展到现在，并延伸向未来。

建筑与城市空间的民族经验当代转换的依据，除了满足生活的真实条件外，例如生态和可持续发展等，还应带给网络社会人们迫切需要的基于民族认同的归属感，这就需要反映此时此地网络社会的民族文化状况。批判的地域主义主张强调特定场址包括从地形、地貌到气候光线在内的此时此地的物质要素；而建筑与城市空间的民族经验当代转换更为注重的，则是在网络社会民族文化与外来文化的相互滋润杂交中，此时此地网络化民族认同的多样性、自主性诉求。这是民族文化是否具有持续生成一种能够在网络化条件下存在，并作为今后发展基础的关键所在，即在网络社会人类超越地理气候物质条件制约而迈向意志化的自主性大势下，以社会习俗、观念意识等民族文化形式表现的民族认同在设计中所占的权重日益增加。

小结

民族造园经验当代转换，从20世纪以来网络社会前叶主要沿时间线性推进的“与时俱进”的转换，转向网络社会杂糅的建筑与城市空间模式下“因境而变”的转换。

环境艺术的民族经验当代转换主要源于全球网络化冲击下人们民族认同的跨地域集结，它导致环境艺术风格与城市文化脱离原有固定的地域限定，而在世界范围内跨地域远程传播，由于其脱离了民族传统的家族关系、邻里关系、社会生活、生产方式，甚至建造技艺，环境艺术的民族经验自然就会在网络社会杂糅的建筑与城市空间模式的新环境中发生转换，这种转换不仅是与时俱进的转换，更是"因境而变"的转换，"因境而变"包括在本土对于民族传统的快速推进和在异乡对于民族传统的刻意标榜及矫情布景，但都是以根源于民族历史文化的环境艺术空间语言，不断重新诠释重构中的民族认同。

人类社会不能从差异性一步迈入匀质化，剧烈的变化将导致混乱和破坏，而必须在一定程度上维护差异性，通过民族经验转换过程缓冲匀质化的速度，使之保持在人类社会可以承受的范围之内。而网络社会杂糅的建筑与城市空间模式给民族经验转换制造了适宜环境，来自全球的各种经济政治力量及其环境艺术风格在城市中犹如热带雨林植物般枝蔓交错，这种交错状态下频繁的信息交换和互动给环境艺术民族经验转换提供了"因境而变"的动力，形成城市环境艺术内部差异性文化的持续繁荣即内容熵减，从而维持其各自系统内部的有序状态，以平衡城市整体上的结构熵增，将趋同的速度保持在人类社会可以承受的范围之内。

"批判的地域主义"思想更多侧重于场址的地形、地貌、气候、光线等风土要素；而在建筑与城市设计中文化与风土[①]两者都具有重要地位，作者认为在网络社会人类超越地理气候物质条件制约而迈向意志化的自主性大势下，以社会习俗、观念意识等民族文化形式表现的民族认同在艺术设计中所占的权重日益增加。

民族造园经验当代转换具有必然性和多样性，这是由西方强势文化侵蚀下中国的社会发展和体制转换及地区发展的多层次性所决定的。虽然民族造园经验当代转换认可发展和解放的观念，但并不相信线性的非此即彼的二元对抗。因此，不同于"批判的地域主义"，民族造园经验当代转换的观念并不去反对那种浪漫矫情风景化的民族文化及与之相联系的商业文化的存在，认为这种在异乡对于民族文化的矫情标榜，是"因境而变"的民族经验转换的多样化方式之一，在网络社会消费文化日益盛行态势下有其存在的合理性。

基于"城市结构趋同而建筑风格杂糅"的网络社会建筑与城市空间模式观，民族经验当代转换的观念并不刻意去反对所谓"全球文化的趋同"，因为丧失了地区性的民族文化并没有消失或被同化，而是在网络社会的建筑与城市空间模式中不断杂交转换。终极的趋同或许不可避免亦无需避免，民族经验当代转换要克服的只是走向趋同过程中的混乱无序。

---

①日本哲学家和辻哲郎在其著作《风土》中将风土理解为"土地的气候、气象、地质、地貌、地形、景观等的总称"。

民族造园经验当代转换，是一个从本民族造园传统中延续活性因子和从西方乃至世界吸收精华的过程。这是因为中西方环境艺术具有各自的差异性特点。民族造园经验当代转换，可以延续民族建筑园林传统中诸如“舍”这样的活性因子，还可以在某些具有重大长远意义的建筑物中吸取西方建筑的纪念性观念；在城市的整体结构上一定程度地延续中国城市传统的秩序性，同时在城市的局部空间中吸收西方城市的公共性和开放性。

被“批判的地域主义”所反对的信息媒介时代那种真实的经验被信息所取代的倾向，恰恰是民族经验当代转换的前景，即在网络社会新的时空架构下，所谓真实的经验已经不再囿于人类生存的物质基础，而成为人类意志自主性的显现，而网络社会为其提供了技术和社会条件，民族经验当代转换注重的就是多样性民族文化的自主性诉求。人类所遭受的被动性，主要已不再来自于作为客体的自然物质世界，而日益来自于人类为征服自然物质世界所使用的工具。

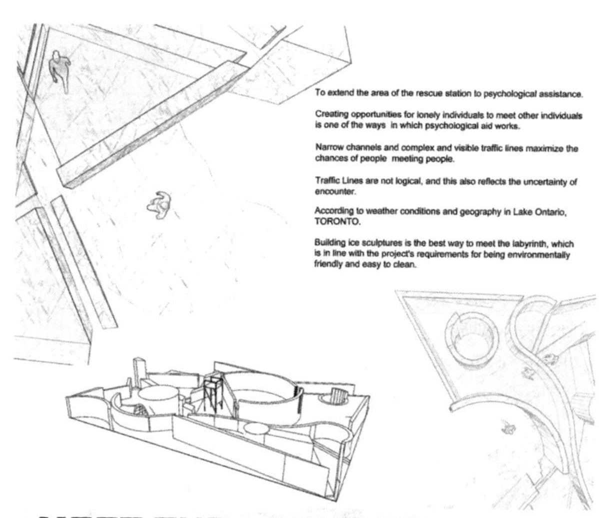

邂逅迷宫　设计：刘向华　制图：邹浩鑫　公共空间装置方案　2018 年

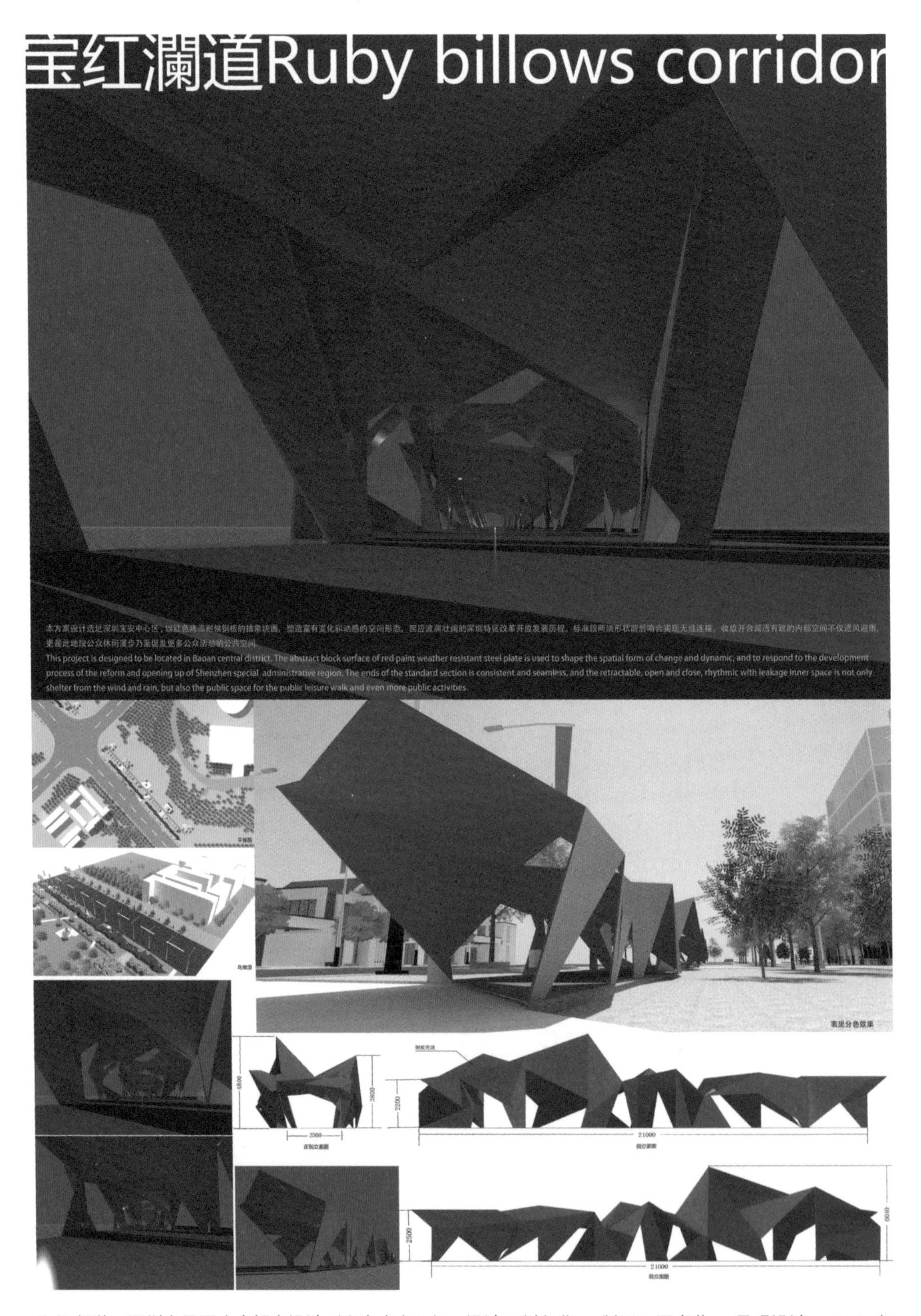

宝红澜道—深圳市风雨连廊概念设计（宝安中心区）　设计：刘向华　制图：周晓菲　景观设计　2017 年

本方案设计选址宝安中心区，以红色烤漆耐候钢板的抽象块面，塑造富有变化和动感的空间形态，反映波澜壮阔的深圳特区改革开放发展历程。标准段两端形状前后吻合实现无缝连接，收放开合漏透有致的内部空间不仅遮风避雨，更是此地段公众休闲漫步乃至促发更多公众活动的公共空间。

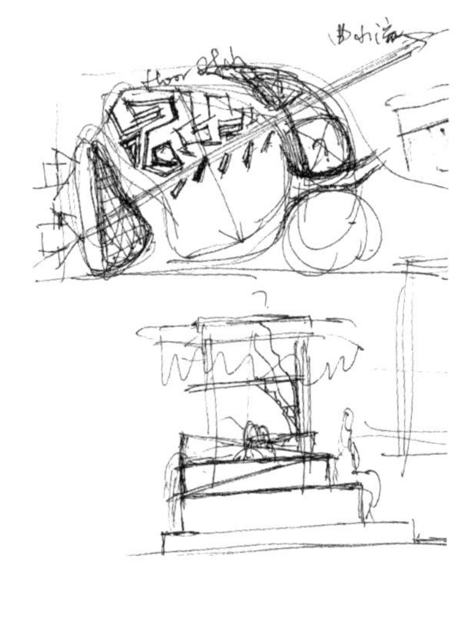

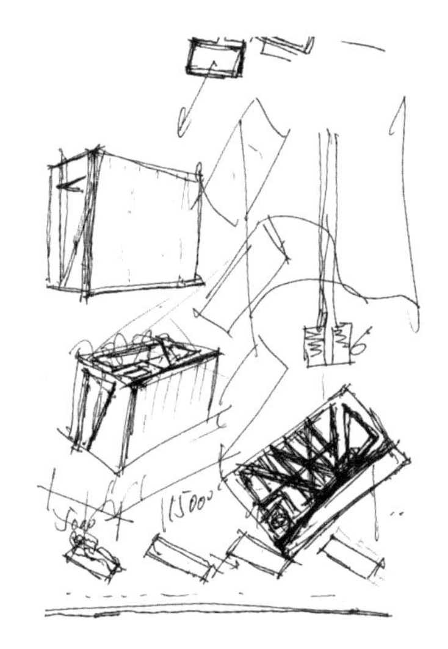
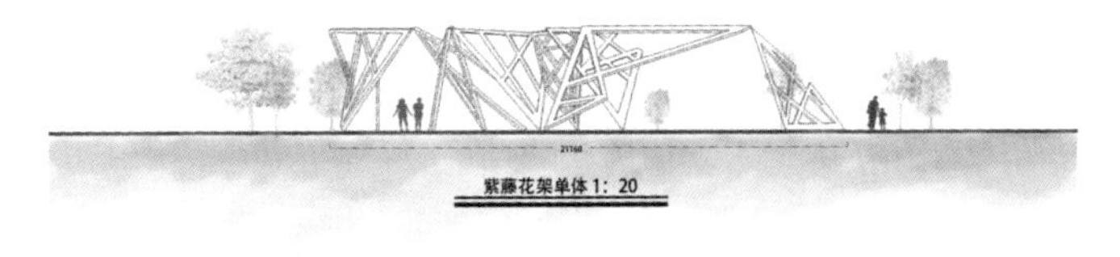

曲水流觞　设计：刘向华　制图：张行　园林设计　2018 年

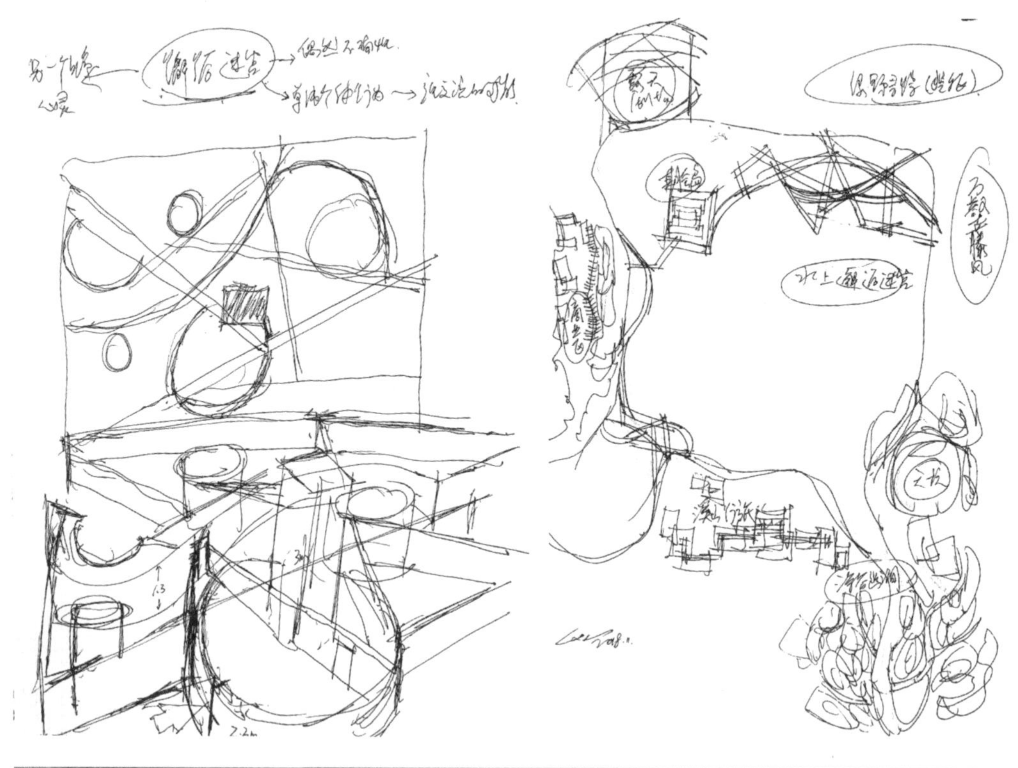

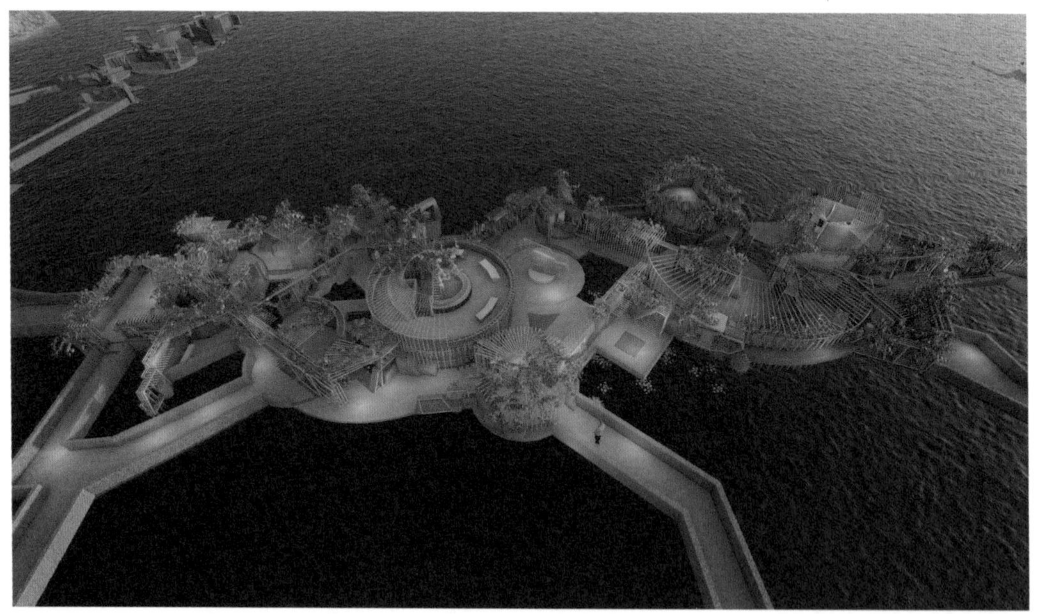

水上邂逅迷宫　设计：刘向华　制图：郑克旭、庞振豪　园林设计　2018 年

邂逅迷宫景点是水上相会交流区的重要组成部分，利用摆脱乏味功利线性逻辑之网的非理性迷宫，营造非同寻常的因缘邂逅空间。邂逅迷宫由不同形态的紫藤篱墙、紫藤花架围合拼接排列而成，让人在其中相望而不及，相遇又分离，既为其中游人提供了无数邂逅的可能，又为其相会制造了复杂路径和有趣话题。邂逅迷宫中内置路望亭、梦回长廊、紫影沉璧、照片墙等多重序列主题空间，让有缘人身陷迷宫却留恋其中。穿过邂逅迷宫错综复杂悬念丛生的序列空间，最终可达水上期会岛的浮浪亭。

水上邂逅迷宫　设计：刘向华　制图：郑克旭、庞振豪　园林设计　2018 年

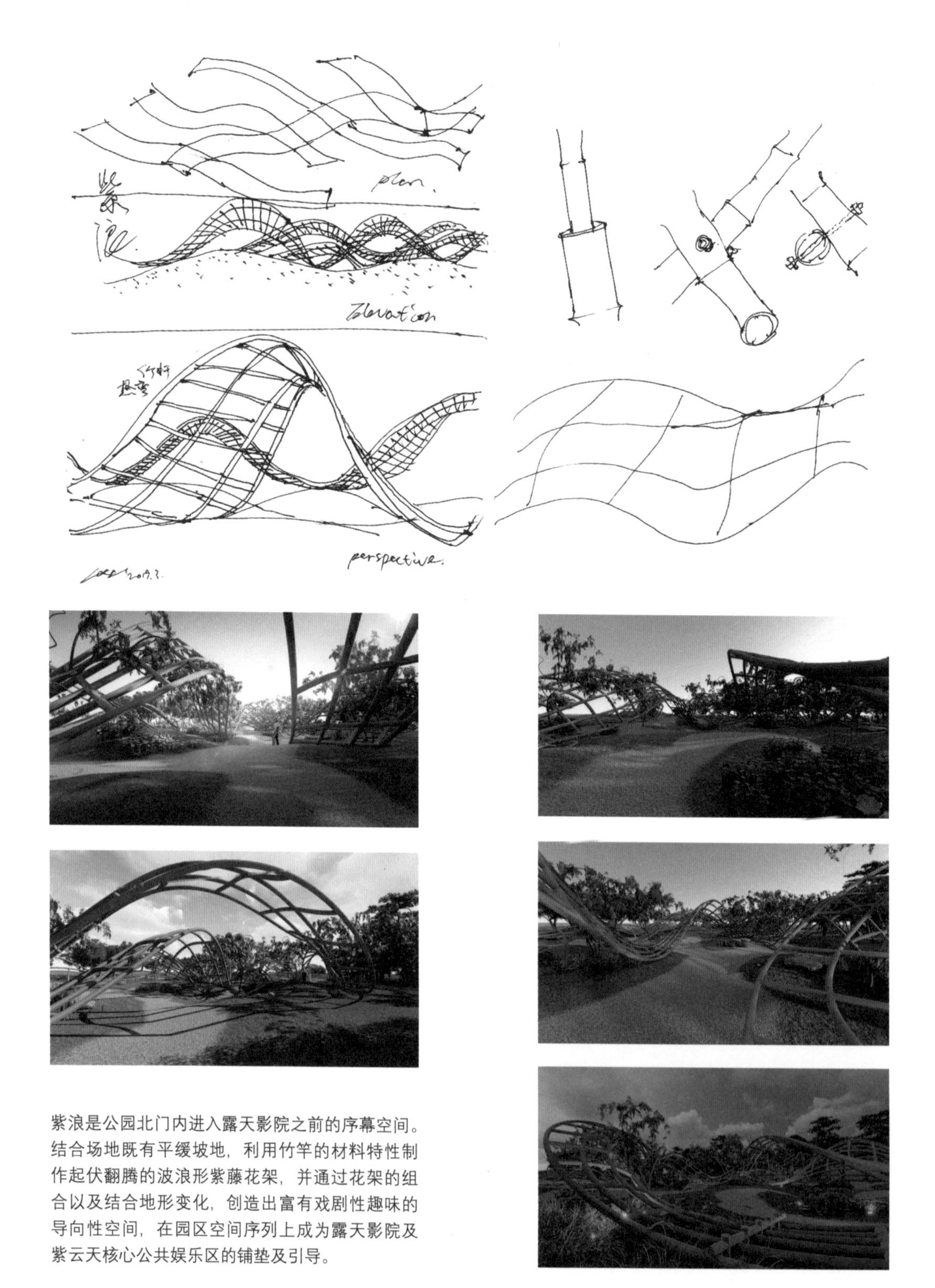

紫浪是公园北门内进入露天影院之前的序幕空间。结合场地既有平缓坡地，利用竹竿的材料特性制作起伏翻腾的波浪形紫藤花架，并通过花架的组合以及结合地形变化，创造出富有戏剧性趣味的导向性空间，在园区空间序列上成为露天影院及紫云天核心公共娱乐区的铺垫及引导。

紫浪　设计：刘向华　制图：郑克旭、顿亚鹏　园林设计　2019 年

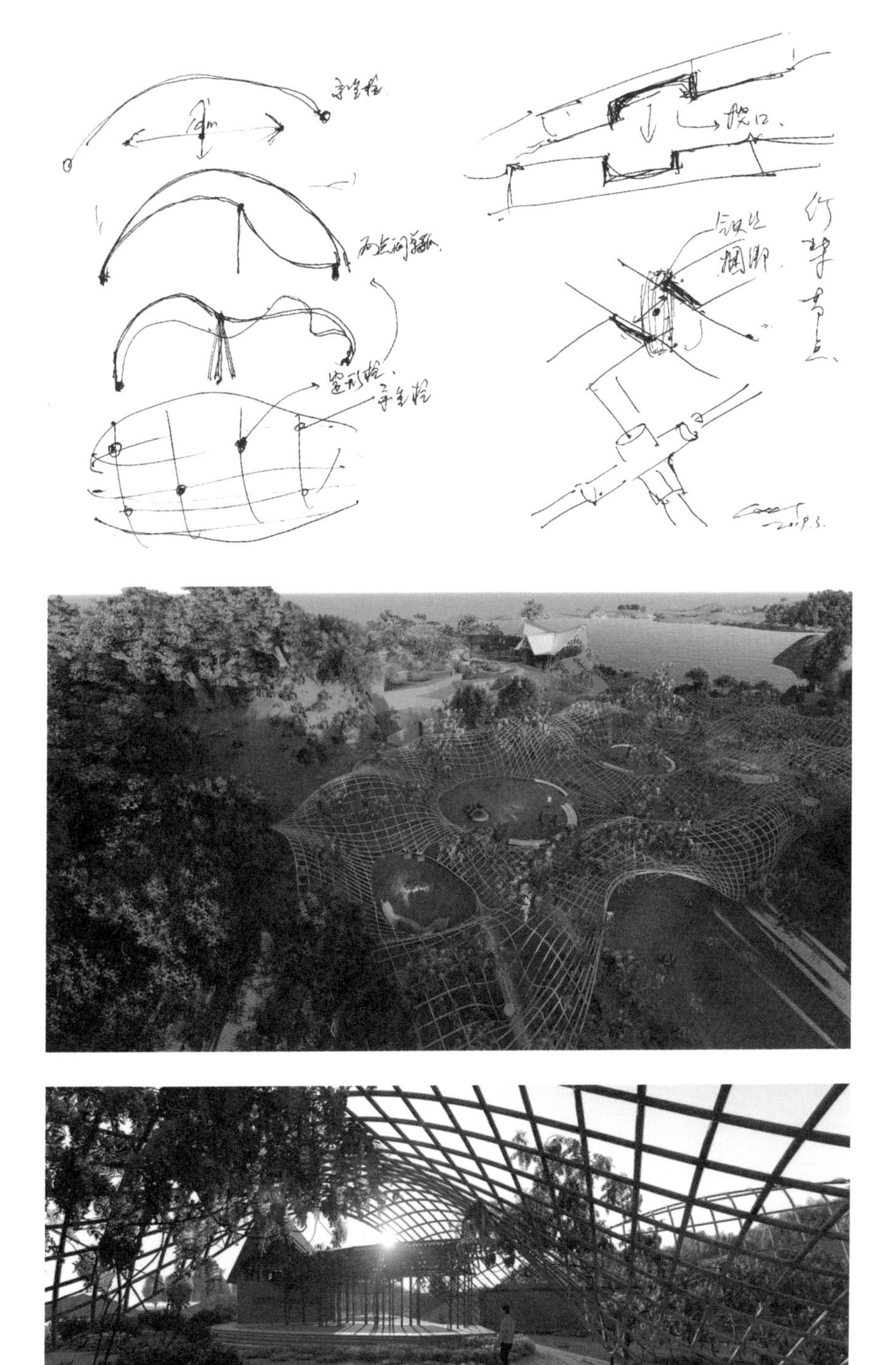

紫云天　设计：刘向华　制图：郑克旭、顿亚鹏　园林设计　2019 年

紫云天　设计：刘向华　制图：郑克旭、顿亚鹏　园林设计　2019 年

紫云天环绕在露天影院核心区两侧成为其辅助空间，与露天影院共同组成核心公共娱乐区。紫云天景区结合平原坡地利用富有韧性的竹竿搭建出整片起伏飘逸的藤架，紫藤攀爬状若云霞，覆盖并围合出众多富有变化的游戏活动小区域，并结合旋涡状藤架设置螺旋云梯及多种休息和游戏设施，几处藤架涡谷周圈地面由烧毛灰色花岗岩铺地形成广场舞池，增强紫藤架构设计方案互动性参与性，满足公众活动尤其庞大的广场舞人群健身同时沟通情感的需求，在露天影院周围营造出层次丰富的游戏活动休息空间。根据藤架离地距离及紫藤植株规格设置不同高度的种植坛。

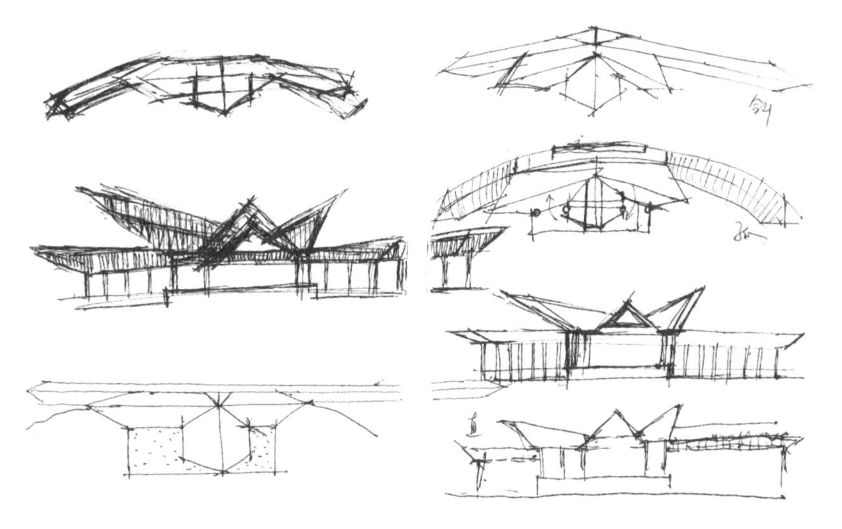

露天影院　设计：刘向华　制图：郑克旭、顿亚鹏、庞振豪　园林设计　2019 年

露天影院 设计：刘向华 制图：郑克旭、顿亚鹏、庞振豪 园林设计 2019 年

人气为王，公园观影娱乐区景点露天影院，是一处具有巨大吸引人气功能的策略设置，是将此紫藤园成功营造为地区主要公共空间的关键设计策略手段：将露天影院的梦幻观影功能与紫藤花的美好意象相结合，营造出一处供恋人友人亲人等团聚共度时光的浪漫温馨公共场所。露天影院的双面屏幕不仅面向影院内部，面向影院外部湖面的屏幕，给全园尤其对面期会岛浮浪亭及水上迷宫的游人亦提供了观影功能，使此园区乃至整个园子成为一处悠闲安逸、自由开放的公共空间。在露天影院看台上自由分布的球形网状花架"包厢"里，人们可以欣赏电影、促膝谈心或仅仅是仰望天空，都会有别样的感受，故此露天影院又名"梦里花落知多少"。

第4章
方式策略

这世间万物包括人在内本为天地所生，其生长变化自有其道理，非人力所可为，所以中国人自古就讲“物来顺应”。民族造园经验在当代的转换发展也应该是这样，顺应当代网络社会的经济技术等各方面的客观条件顺其自然地变化发展，但这并不意味着人就该无所作为，而是顺势而为，因为人也是自然的一部分，故而《围炉夜话》有“数虽有定，而君子但求其理，理既得，数亦难违”的话。所以我们在这里要探讨民族造园经验当代转换的方式策略，只不过这些方式策略都是顺其自然的结果。也就是说，“物来顺应”不仅是民族造园的实质经验，亦为其在网络社会因境而变的转换要求。

4.1 创作方式：中国文人营构

在全球化及文化趋同背景下，民族造园经验当代转换的标的其实是一种差异性诉求，而艺术设计作品的差异性首先显现在一个艺术家或设计师开展工作的方式是否具有特殊性。记得福柯曾表达过这样一个意思：在知识领域之前存在着一个荒蛮的前知识领域。意即产生事物的前提性因素往往决定了事物的实质。一个艺术家或设计师以一个什么样的方式开展工作在某种程度上甚至比他有什么样的思想更重要。比如你是以一个不断赶场子社交明星的方式，还是以一个始终亲临一线身体力行的方式。直接亲自动手直抒胸臆的中国传统文人艺术家的工作方式，完全区别于国内专业建筑院所的建筑师或扎哈·哈迪德等国际上炙手可热的建筑大师勾勾草图动动嘴，然后进入一个庞大团队标准流水线作业的程序。人们常规讨论的种种显在的差异其实往往呈现为一种表面的激烈却根本无法触及差异的根源，而工作方式——这种前提的差异能够持续不断地给艺术和设计提供新的动力。

西方建筑学院体系那样一套所谓专业建筑学的东西未必是一个唯一的标准。专业建筑学在中国才出现了多久？整个体系几乎都是近百年来从西方输入的，难道在此之前中国人就不会造房子了吗？事实当然并非如此。作为实践性极强的建筑园林设计，科班闭门造车的最大问题在于有知识而没有常识。在实践中积累的看似平常的无数常识性细节是很重要的。并且事实上，通过自学实践成为建筑师的例子并不在少数，如密斯出身石匠，柯布西耶在完成其主要建筑作品前是个具有极高天赋的现代主义画家，安藤忠雄早年打拳击，里伯斯金是学音乐的，等等。何况当代的建筑园林设计本身就不是一个人能够全部承担和解决的，它是一个团队合作的事情，每个人各负其责、各司其职，没有哪一个建筑师是全能的。国家体育场“鸟巢”的空间造型方案做出来了之后，需配优秀的钢结构工程师，赫尔佐格和德梅隆也并不能够解决所有的问题。甚至如扎哈·哈迪德在中国的建筑作品——广州歌剧院，若不是最后澳大利亚的声学专家给她解决了声学问题，其一贯的流线造型所形成的强烈回声几乎使其成为一个“无声剧院”，但即使如此也并没有人质疑其建筑师的角色。事实上对于建筑而言，一般的功能问题还不要紧，因为凭借当代各个领域专业人才及科技手段的配合，几乎任何的建筑空间形式都能够安排进一定的功能。建筑中最要命的其实是安全性和经济性，现代的建筑技术手段几乎可以将任何空间形式付诸实施，但关键是要花多少钱，如果着火或地震了建筑里面的人能否跑得出来，为此几乎在所有的国家都制定了相应的一系列严格规范，而诸如上述这一系列的问题都是必须要经由一个庞大的团队来协调解决的。

中国文人营构实际上是一个古老的传统，在专门服务于皇家的御用者诸如“样式雷”之外，中国古代的园林乃至人居环境都不是由所谓的专业建筑师设计的，而常常是由当地具备较高传统文化素养的文人书画家营构的，他们以其在中国文人书画中塑造的情怀精神和思维方式去营构园林建筑，并在其授意下由匠人们付诸实施。

对早已中断和缺失的中国传统文人营构传统的追寻，是一种自然的民族文化寻根诉求，却也是一种世界文化大格局中的差异性诉求。这种工作方式的差异性诉求本身就是对当前商业地产开发模式下建筑与城市状况的批判。在这种工作方式下，甲方和设计费都不再能够左右建筑设计方案。设计师要以我为主，不能被甲方的趣味和个人喜好牵着鼻子走，这就是为什么明末清初的造园家计成在其造园专著《园冶》中将园林设计者定义为“能主之人”。

在中国社会，设计师这个职业既高高在上，又在面对权力和资本时极为脆弱。在当下建筑以政治和经济主导的现实状况下，中国文人营构的建筑工作方式或许可以作为一种有效的建筑话语，提高在传统观念中和现实实践中设计师一直处于“匠人”的社会地位，进而成为设计师建筑实践的一种策略。但这种策略的前提和核心是设计师必须获得社会权力与文化精英的身份。中国文人设计师的营构策略实际上延续着中国传统士大夫官宦阶层的权力与文化精英传统。

这种独特的差异性扎根于中国社会由来已久自上而下的社会运行机制，它决定着建筑的生成方式，那就是作为社会的权力与文化精英阶层对于建筑园林空间生成的最终决定性。实际上，中国的许多设计师并不具有西方社会语境中的话语权，整个设计院充其量只是一个出图机器，而所谓设计师只是这台机器的操作工，而事实上真正的“能主之人”是权力阶层。当然资本也在争夺话语权，虽然资本精英在逐利模式下会对设计话语权进行争夺，

穿越　刘向华　69cm×138cm　宣纸水墨　2013 年

无待　刘向华　69cm×138cm　宣纸水墨　2014 年

灰色的 V　刘向华　69cm×138cm　宣纸水墨　2014 年

粉碎虚伪　刘向华　69cm×138cm　宣纸水墨　2014 年

但事实上在中国大多数时候决定事物命运的还是权力，理想的身份类似于中国传统士大夫官宦阶层的权力文化精英。因此中国在过去、现在，以及未来相当长时期内，设计师若试图以中国文人营构作为设计实践的一种策略以生成理想的建筑园林设计作品，需先获得理想的社会权力文化的精英身份。

在民族造园经验当代转换的设计实践中，从中国传统园林建筑的形态样式、材料工艺、结构法式等具体形而下层面的实体表象入手，不仅受具体器材形构的束缚大而难以应对时代之变化需求，而且其努力结果局限于皮相；而在形而上的观念层面对民族造园空间经验进行转换，其施展流变的可能更大，其结果也更值得期待。

中国传统绘画书法和园林的关系是十分密切的，民族造园空间经验中的观念也体现在传统书画中，它们都是师法自然。在诗词书画氤氲中走来的中国传统文人，在大自然和将大自然微缩而成的园林中都是要抒怀的，其抒怀时诗词所描述或追求的那种由大自然或园林生发出的理想意境，又见诸于其以中国传统山水或花鸟等为题材的文人书画中，自然或园林与中国传统的绘画以这种方式形成一个互养的关系，而这其中的观念实质其实大都来自在中国从汉武帝开始（明代有些例外）基本受到压抑而处于边缘状态的道家思想。中国水墨中传达出的传统文化观念尤其是其中的道家精神气质是顺其自然的，这种素养是当代绝大部分由单纯西方建筑学院体系训练出来的建筑设计师所不具备的，因为西方建筑学院体系没有中国水墨训练。

水墨训练

人类艺术史上有一条清晰的线索，那就是形式构成的“纯化”。随着人们对色彩和形体等诸多构成元素的敏感和认识的不断深入，不可避免地出现了抽象绘画。以印象派为分水岭的西方绘画近代以来的发展很好地说明了这样一个过程。印象派把色彩的表现力从古典主义的再现空间中解放出来；而中国水墨艺术及其源头书法与西方艺术“纯化”过程的不同之处在于其早熟性。“由于书法艺术很早就处于高度形式化层次，由于它在所有中国艺术中的特殊地位，从客观世界与内心生活中提取线、空间、运动的机制，在构成中倾注表现内涵的方式与表现内容，含蓄、凝练、以简驭繁等美学理想，风格的主要类别几乎都首先在书法艺术中趋于成熟。一个民族的艺术素质在书法艺术中获得充分的发展。”①

以毛笔为工具的中国书法和水墨主要通过“线”这种形式手段来表现一个流动的过程。中国水墨画中的抽象块面形体的组织及其中每一段线条的运动和表情，都是首先在书法中

① 邱振中著，2005 年，《书法的形态与阐释》，中国人民大学出版社，第 15 页。

白驹过隙：刘向华水墨艺术展　展览现场　2015 年

白驹过隙　刘向华　可变尺寸　水墨及现成品　2015 年

发展而来的。对笔所形成的线条运动及力度的控制和对墨的浓度、渗化状况的控制分别形成笔法和墨法，在一定的笔法和墨法控制下产生的线条组合形成结构并分割画面空间，线条及其形成的结构与空间造成的包括运动节奏韵律在内的形式细微差异作用于人们的心理，引发人们相应的不同心理反应，此乃形式与心理的同构。

“线结构的作用原理包括以下几个方面：①结构控制线条运动的方向，而方向是运动性质两个基本要素（速度与方向）之一，因此可以说线条结构直接影响到运动本身；②线条把空间（二维空间）分割成各种形状的块面，每一块面都能表现一定的情调（由于形状所产生的张力的作用），无数被分割空间的组合具有丰富的表现力；③被分割的单个空间（单元空间）由于形状可能引起张力的不平衡，会具有运动的趋势，但众多单元空间的并置，一般说来，运动趋势会互相抵消，然而由于线条运动的暗示、引带，书法作品中的空间却会与线条一同流动起来——形式的所有细节便这样汇成一个统一的整体，从而获得深刻的艺术感染力。”[①]

“相邻单字虽然中间存在一片被动空间，但同样由于线条运动而被不知不觉地穿越。整个作品的有关空间就这样在线条运动的引带下而形成一片空间之流。这片‘空间之流’完全按时间顺序展开，并从属于线条的运动。在某些字体中，例如唐代狂草、线条与空间汇成一道洪流。人们不论视线落在作品的哪个地方，也不论落在线条上还是落在被分割的空间中，立刻被这洪流裹挟着奔流直下。”[②]

书法中线条运动分割和组构的空间在中国水墨画中通过更为丰富的笔墨和形式变化而赋予了更多的可能。首先，中国水墨画没有像书法那样受到汉字既有形态和结构及单元连接模式的限制；其次，即使是没有完全脱离物象的中国传统水墨画，尤其是以荷、梅、竹、菊等为对象的文人画，在笔墨的挥写中所受到的物象形态的限制也并没有多么严格，而抽象水墨画就更加注重线条的运动分割和空间组织。

直接亲自动手直抒胸臆的中国传统文人艺术家的工作方式、“如画”的景观和意境追求、象形联想的创作构思方式，散点游观的布局视角等，这些都是完全不同于西方园林建筑而来源于中国传统文化的独特性，这种显在或潜在的独特性实际上往往被西方建筑学院体系格式化之后的专业建筑师们视之为不专业。但我们不妨思考一下：不专业有哪些好处？而所谓专业又包含着多少成见？国内的专业园林建筑师、设计院所标准流水线作业下生产出来的大批量园林建筑有多少是属于中国人而非西方人的创造？这种源于民族传统文化的独特性在园林建筑设计领域几乎已被一百年来引进中国的西方建筑学院体系抹杀殆尽，绝大多数从这种建筑学院体系中训练出来的园林建筑师都完全被西方人的那一套建筑专业知

---

①邱振中著，2005 年，《书法的形态与阐释》，中国人民大学出版社，第 10 页。

②邱振中著，2005 年，《书法的形态与阐释》，中国人民大学出版社，第 24 页。

识谱系格式化。

可见，正是西方建筑学院体系成见之外源于中国传统文化的中国文人营构的设计方式，为在全球网络社会的西方文化弥散态势下，尝试在大的文化格局中，实现民族造园经验当代转换提供了一种可能。中国文人营构赋予园林建筑乃至艺术设计以民族文化再生的独立价值，主要还不在于某个园林建筑或艺术设计作品，而在于其诸多作品背后的独特设计工作方式及其理念生成和素养形成，对于在美术学院里真正培养具有民族文化艺术素养的设计师、对于打破并丰富中国单一的建筑及设计师培养体系都具有开创性意义。

师造化的主动性

中国文人营构的设计方式对于中国书法水墨艺术素养的汲取，核心在“主动性”这三个字上。在当前状况下，对于中国书法水墨艺术“主动性”的把握首先得理解“师造化”与“写生”的区别所在。

对中国传统绘画讲究的“外师造化，中得心源”的开放性理解，有助于扭转西方的对景写生对于创作的覆盖，找回“师造化”在艺术创作中的价值及作用。写生在大众眼里是浪漫而且优雅的，甚至可以是性感的，但从学理角度看，当下国内艺术院校看似专业的写生，在很大程度上实际已沦为观念思维力和想象创造力贫乏的遮羞布。写生不可拘泥于对景描摹，从周遭物象到纸上形象。因为如果写生的价值和作用定位于被动地对景描摹仿真，那么艺术家充其量也就是一台摄影机。在一个开放的“师造化”的视野中，写生的实质是帮助艺术家在利用客体对象和环境获取刺激以激发创作灵感的条件下，释放人性，打破主客二元分割的局限，将艺术创作从客观世界的桎梏下解放出来，赋予其意识的无限和自由，而非役于外物。对于当代艺术家，“师造化”视野中的写生可以是临场感受激发表现乃至抽象创作，也可以是临场激发有关现场环境的创意方案。记录观察研究静物风景人物社区环境等具体的物象本身不是目的而是手段，是路径，目的是创造。因此在当代艺术设计的语境中，“师造化”也可以理解为调研社区环境以利用和重塑现场建筑空间、顺应族群呼声主动介入公众行为事件等。开放的“师造化”视野中的写生，其指向依然清晰：研究利用客观环境以展开自主创造，“中得心源”指向的就是这其中的主动性。

这种主动性很早就呈现在中国书法水墨中，书法作品的价值主要不在其通信功能，与其说中国书法是写字还不如说是写生，是师造化，作为象形文字，汉字本身就是“外师造化，中得心源”的绝佳案例。并且，正如同写生的价值并非对景描摹仿真，许多书法作品中所写的字也几乎难以辨认，文字对于书法艺术创作而言只是被利用的客体对象，亦即造化，借以激发创作动能而释放人性并赋予其意识的无限和自由，即激发主动性。“发生在汉代晚期到东晋时期的书法作为艺术自觉和独立的现象，进而成为中国艺术传统的基础，从而构成了中国的审美准则和创作方法”，这种“‘主动的艺术概念’逐步发展出一种特别的性质和形式，从而被人们用为专门的精神活动。由于文化的差异，这种活动就构成了一个与其他文化差异较大的方式，甚至可以成为文化差异之间的最为鲜明的标志。这种活动具有两个性质：一是它具有某种有别于其他的特别性质，即属于人的本性的性情方面的变现。也就是说它不是科学成果，也不是信念与意识的成果。二是它与之前的（被动的）艺术的重大的不同是在于这个活动不具有功利的目的，不仅具有集体的倾向，而且还成为个人的自觉的纯粹精神活动，从而形成以其自身为目的的活动，即艺术本身。”①

流动空间

中国传统的水墨画与西方写实绘画的差异很大程度上源于不同的画面空间观念，水墨空间不同于西方写实绘画的再现空间的关键处，在于它不是通过文艺复兴时期的三维透视利用人的视错觉制造一个视觉上的幻境，而是通过笔墨一次性挥运所形成的视觉上的流动，表达个人情意修养的心灵自由，即所谓写意，其线条的运动在空间和时间中展开而使其在本质上呈现为一个流动的过程。以毛笔为工具的中国书法和水墨画主要通过“线”这种形式手段来表现这种流动的过程。中国水墨画中以线造型的抽象块面形体组织及其中线条本身的运动和表情，所注重的也是这种自主性的表达，在网络社会开放的文化视野下，可以将其理解为人类伸张主体意志的自主性即自由的普世价值。这种自主性在民族造园经验中则呈现为“壶中天地”中迂回婉转的线性流动空间，这是民族造园经验的主要美学特性。其实质是时空的分隔压缩和拉伸延续后伴随人在其间的位移形成视觉上的流动，在不同尺度和形态空间的线性回旋中尽其可能地在时空向度上伸展生命对艺术的触觉，时空由此产生节奏韵律而往往被赋予很高的审美品质。例如抑扬顿挫的苏州留园入口空间就是典型的例子，这是中国古典美学及空间营造经验上的一个传统。我们可以将这种呈现为自主流动过程的中国书法水墨画及园林的线性空间称之为流动空间，这是一种外师造化利用客观环境伸张主体意志展开自主创造的空间语言。

白驹过隙

2015 年 2 月作者在澳大利亚墨尔本的个展“白驹过隙”中，在水墨画二维空间实践的基础上，以水墨装置进一步将上述这种呈现高度自主流动过程的流动空间观念，推向都市

① 朱青生，何香凝美术馆OCT当代艺术中心编．艺术史中的水墨空间，《水墨炼金术—谷文达的实验水墨》，岭南美术出版社，广东，2010 年，第 7 页。

白驹过隙　刘向华　可变尺寸　水墨及现成品　2015 年

建筑公共空间。研究中国美术史的西方学者苏立文（Michael Sullivan）曾将中国美术的“写意”这个概念描述为“画出思想”。“白驹过隙”这个在墨尔本实施的水墨装置项目，用西方人的当代装置艺术语言，告诉西方人中国美术“写意”的传统还有别的意思。“白驹过隙”意图在公共空间中重新诠释中国书法和水墨中的“兴”这个传统。“白驹过隙”个展中抽象水墨长卷以流动的弧线在博士山艺术中心的中庭空间肆意纵横自由穿插，澳大利亚强烈的日光在其缝隙间穿梭游弋。“兴”之所至地艺术介入公共空间的实践是把空间对象当作一种突破物质形式之束缚而实现人类意志之自由的努力，空间的人文化，也是空间的主体意志化即自主，这是人类历经数千年跋涉而迈入网络社会，将着力点从注重原子世界物质能量的流动转向比特（Bit）世界信息的流动，从而得以超越人类生存的物质基础而在更大程度上实现意志上自主性的空间显现。

在“白驹过隙”个展上，作者被社区空间气氛激发首次尝试将手纸卷这种现代工业批量生产的日常用品用于面向社区公众参与的公共水墨活动，其纸卷的形态类似中国传统的卷轴，而其巨幅长度正好满足公众一起参与水墨活动的需求，这种质地厚实、供厨房日常擦手所用的大幅手纸卷的性能颇似中国的宣纸，可以很好地呈现水墨的层次变化。以手纸卷为水墨新载体的公共水墨活动，激发了社区公众参与的热情，在对水墨装置的流动空间语言上展开实践之外，进一步以事件介入的方式赋予都市社区公共空间以轻松好玩、平等自由、流动变化的自主性。

兴之所至

中国书法水墨作为一种“主动的艺术概念”，决定了中国艺术传统的一些根本所在，其创作方法上所表现的显著特点可以概括为“兴”。“兴”读平声时表示“对事物感觉喜爱的情绪”，读四声时表示“举办、发动”，都包含着一种主动性。“兴”是人性情的自觉视觉呈现，即主动性的即时变现。“兴”包含着前述“师造化的写生”在艺术创作中从临场激发进入自主创造的实质性内容和作用。“兴”构成了中国艺术创作传统区别于西方的鲜明标志。它不是科学成果，也不是信念与意识的成果，它属于人的本性性情和自觉的视觉呈现，即主动性的即时变现。富茨科瑞（Footscray）这个社区是墨尔本典型的文化多元的移民乃至难民聚居区，2015 年 5 月在墨尔本富茨科瑞（Footscray）市政厅的集装箱艺术空间（Artbox）驻地创作期间，作者通过驻地现场环境调研获取灵感创作出关于现场公共空间的创意方案：首先是利用驻地现场人流交通及其定时聚集状况以卫生纸卷水墨装置重塑其所在社区图书馆建筑空间，设置公众参与装置，再以卫生纸卷“兴之所至”地自由穿插、分割围合驻地现场的图书馆建筑庭院，通过对线性流动空间的民族造园经验当代转换，重塑出“轻松快乐、平等自由、流动变化”的公共空间氛围；激发了这个社区来自不同种族、文化背景的陌生人之间的交流互动甚至相互拥抱，“兴之所至”地即兴参与卫生纸卷公共水墨长卷创作，这是依托水墨装置的空间艺术语言，通过水墨活动制造事件促进社区不同族群的互动和交流，以兴之所至的空间组织方式和事件参与方式推动个体的自觉和自主；同时作者则在现场以水墨师造化地写生，“兴之所至”地为社区民众即兴创作肖像，以此制造事件展开互动和交流。2015 年 6 月在澳大利亚塔斯马尼亚州的艺术重镇萨拉曼卡艺术中心（Salamanca Arts Centre）名为“拥抱陌生人”（Hugging stranger）的展览所展出的这批水墨写生肖像作品，基于作者与陌生人交流和互动的鲜活临场体验，以“兴之所至”的创作状态顺应并利用社区公众意愿介入公共空间，重新诠释书法水墨及造园等中国文人营构的“兴”这种直抒胸臆的传统。

这个方向的创作实践还包括作者在萨拉曼卡艺术中心（Salamanca Arts Centre）入口公共空间（Light Box）创作展出的水墨装置作品“九天”；以及在“拥抱陌生人”水墨艺术展览现场，作者用纸卷水墨手法在美术馆中庭跃层空间现场即兴创作实施的公共空间水墨装置作品“冠云峰”，以轻松自由的流动空间语言兴之所至地诠释唐诗“飞流直下三千尺”及苏州留园冠云峰的空间意象，重塑了这个兴建于 1830 ～ 1850 年而被澳洲政府列为文化遗产的老建筑的公共空间。

介入与创造

网络社会杂糅的文化与都市空间模式下，来自全球的各种经济政治和文化力量及艺术风格在都市中犹如热带雨林植物般枝蔓交错，这种交错状态下频繁的信息交换和互动给不同民族文化艺术的当代转换提供了“因境而变”的张力。相对于客观层面的物质与功能，主观层面的认同[①]及“人”的自主性在水墨介入都市公共空间中所占权重日益增加，这里的“人”是指大众而非所谓“大师”，一己之私称大师，“南张北齐”何时休！当代水墨不应仍停留于私室案头把玩，可参与重塑公共空间，破我执，走向开放，走向公益。网络社会文化创造中新的认同不仅基于信息交流的理解和互信，还来源于人们的共同心理和情感，这建立在平等自由、轻松快乐所释放的基本人性之上。以水墨介入公共空间对“兴”之所至的中国艺术观念和文人营构创作方法的实践，源于中国艺术传统的主动性：以中国书法水墨乃至园林中表面淡泊随意实则深邃坚韧的自觉和自主对人性自由的追寻，激发世间众生从自我创造中实现人生的觉悟和生命的解放。

---

① 参见［美］曼纽尔·卡斯特，夏铸九，黄慧琦等译．《网络社会的崛起》，社会科学文献出版社，北京，2006，总导言第 3 页。

重生 刘向华 69cm×138cm 宣纸水墨 2014 年

凯恩斯现场公共水墨活动 刘向华 水墨现成品及公众参与 可变尺寸 2015 年

九天 刘向华 可变尺寸 水墨装置 2015 年

冠云峰　刘向华　可变尺寸　水墨装置　2015 年

以纸卷水墨手法创作的系列空间水墨装置，在塔斯马尼亚州首府霍巴特市萨拉曼卡艺术中心的中庭跃层空间以“轻匀流”的空间语言，重新塑造这个建于 1830 年作为澳洲文化遗产老建筑的公共空间，拓展中国文人营构的“兴”这一直抒胸臆的传统及水墨媒介的可能。

冠云峰　刘向华　可变尺寸　水墨装置　2015 年

水墨装置搭建现场

拥抱陌生人　刘向华　可变尺寸　水墨装置　2015 年

拥抱陌生人 刘向华 可变尺寸 水墨装置 2015 年

拥抱陌生人（实施现场） 刘向华 可变尺寸 水墨装置 2015 年

拥抱陌生人（现场公共水墨活动） 刘向华 水墨装置及公众参与 可变尺寸 2015 年

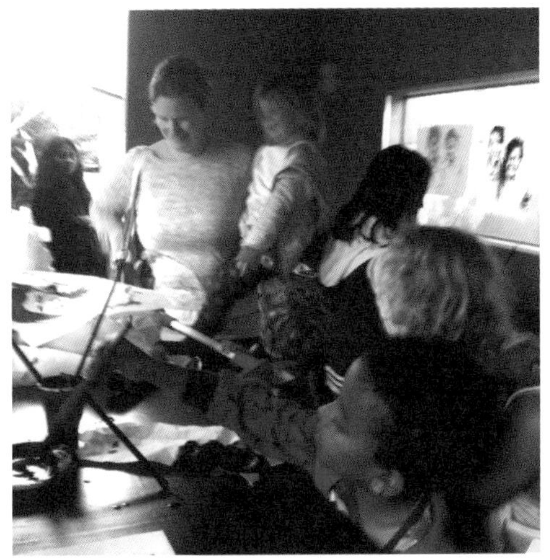

拥抱陌生人（现场公共水墨活动）　刘向华　水墨装置及公众参与　可变尺寸　2015 年

霍巴特萨拉曼卡艺术中心现场公共水墨活动　刘向华　水墨装置及公众参与　可变尺寸　2015 年

悉尼蓝山“乡愁”个展现场公共水墨活动　刘向华　水墨装置及公众参与　可变尺寸　2015 年

4.2 营造方式：民间自发营造

模式化与类型

在100年前西方的建筑体系进入中国之前，民间自发的营造是中国主要的建筑方式，这也是民族造园经验的一部分，至今民间自发营造的建筑方式在许多边远地区和少数民族地区依然保存着。民间自发的营造方式背后的生成因素除了地域内的地理环境、气候条件所提供的建材资源及其可能的构筑技术之外，经济状况、生计方式所决定的民族独特的社会形态、婚姻形式、家庭结构、生活方式、宗教信仰、观念意识、审美情趣、文化习俗等都发生了作用。在中国传统民居和园林及少数民族传统民居的民间自发营造中我们注意到，在同一地域环境中或同一少数民族聚落内部，几乎所有的民居，都是按照一个既定的“模式”来建造的。也就是说同一地域环境中的民族传统园林或同一少数民族聚落内部的民族传统民居在形式上都具有惊人的同一性。这些依照“模式”建造的民族传统园林及少数民族传统民居，不能说不自具其形式美，但在这里我们所探讨的并不是这种形式本身美不美的问题，而是说这种形式本身并不专属于某一座民居，而是传统的、普遍采用的和世代相传的问题，也就是模式化的问题。这种模式化在农业社会被闭塞的交通通信限制在一定范围内，因而在西方的建筑体系进入中国之前，我国各地不论是乡村，或城镇的民族传统民居及园林，又可因应时空与社会条件的不同，而呈现出异彩纷呈、姿态万千、形式独特、风格迥异的面貌，显示出十分明显的空间差异性，居民或主人的自主性从未被摒弃；然而，建立在工业大生产流水线作业基础上的西方现代建筑体系，改变了现代中国的城乡面貌，尤其是在进入交通通信发达的网络社会，采用民间自发营造作为民族造园经验当代转换的营造方式，其所依托的模式化是否会加剧城乡建筑环境的千篇一律？

在民族传统民居及园林的构筑活动中，民间自发营造的模式化，更倾向于建筑“类型”的概念，并且其中还包含着强烈的民族认同。因为所谓类型是一种建筑活动在时间向度上持续积累的结果，它是在不断被理解和交流的过程中形成的，而这个不断被理解和交流的过程正是民族认同的形塑过程。类型不是千篇一律的复制或雷同，而是由包括民族认同在内的某些集体认同所维系的自发结构，因此它不是也不可能是某一个建筑设计师所能够设计得出来的。因此，利用民间自发营造作为民族经验转换的方式策略，不但不会造成建筑与城市面貌的千篇一律，反而会在城市内部形成建筑面貌的多样统一，从而克服当前城市面貌的混乱无序，形成区域之间乃至城市与城市之间不同的个性特征，避免千城一面。

住宅的自主性传统

现代中国经济发达，随着国家藏富于民政策的推行和私营经济力量的进一步壮大，民间会延续和重塑具有文化信心和文化价值的生活方式，民间自发营造的经济基础将更加雄厚，这些都为民族经验当代转换提供了很好的发展空间。问题是上述由民族传统的社会结构形态、伦理观念习俗、模式化建造、作为传承方式的集体构筑活动这几个主要因素所生成和支持的民间自发营造，如何在当代中国城市建筑活动中继续发挥作用，成为建筑与城市营造中一种有效的民族经验当代转换的方式策略？

在前面对我国少数民族自发营造的建筑活动分析中，我们注意到，民间自发营造作为一种营造方式与老百姓直接的关联，莫过于民居住宅。而作为民族经验当代转换的营造方式，自发营造如果不能在作为城市最大建筑活动的住宅中展开实践，那么它也就将无从谈起。住宅设计首先应是一种居住方式的自主选择，现代社会工业标配模式下的西方现代建筑体系极大地压缩了居民对于住宅的自主性，城市居民一辈子也只能被动接受由少数房地产开发商批量复制的有限样式的商品房，并且鉴于高昂的房价，即使是这样的机会也少得可怜。再加之既有体制下的城市规划管理的严密控制，所谓自发营造简直等于痴人说梦，充其量只是在自家室内装修上鼓捣鼓捣，根本无从参与城市的建筑环境景观营造，这也是城市建筑环境缺乏民间自发的多样性而陷于单调贫乏的原因。

王澍主持的通策·钱江时代住宅设计在这个方向上作出了努力。这是一个可容纳 800 住户用 200 多个两层楼高院子叠砌而成的包括六幢近 100 米高住宅的房地产项目。住宅设计留了一定量的空中院落作为自发营造层供居民进行二次建造，这是一种 7.5m 开间、12m 进深、高 6m 的盒子，吸引一些艺术家设计师等有能力的人来做工作室。不但在十多层的高层住宅中实现了江南庭院住宅，更重要的是它试图调动人们自发营造的热情，譬如其空中庭院给现代人提供了种树或养鸡的可能性。

但问题是现代城市社会机制下的人已经没有种树的习惯兴趣，或根本没这个时间心情了，是何原因？该怎么办？实际上，上述设计中所预留的空中院落自发营造层数量，也在项目实施过程中由于各方利益的纠葛而被大大压缩了，可见，寄希望于依托商业操作的自发营造并不能够获得有效的支持。问题并非在于人们没有自发营造的兴趣或梦想，问题在于真正的民间自发营造与建筑类型的形成都是自觉的、无组织的。例如当代中国农民的住宅建设一直都是很积极的，而且完全是一种类型化的形成过程，虽然由于种种的原因农村的传统住宅类型被抛弃了，新类型形成过程中的农村住宅从审美上看虽然还不够成熟，但它完全没有新农村建设政府统一建楼的布景感，也没有商业楼盘开发的殖民感，并且它还在一定程度上透露着人们自发重塑某种认同的努力。因此民间自发营造对于形成住宅包括

复式　刘向华　可变尺寸　摄影　2017 年

壶中天地　刘向华　可变尺寸　摄影　2017 年

宅园的类型，克服当下千城一面的困境是有积极作用的，应当予以利用而不是去压制。

在中国快速的城市化进程中，一线城市的边缘及二三线城市的许多区域，实际上大多是民间自发营造力量生成的结果。在城镇化过程中，原先的宅基地上被原住民盖上一座座鳞次栉比的楼房，形成绵密而有机的城市肌理。这种自建楼房或许粗糙，但民间自发营造作为民族经验当代转换的一种营造方式，其核心倒不在艺术性，而是如何在现实条件下激活人们对住宅的自主性传统，通过这种建筑与城市营造方式提供对普通人来说有意义生活方式的住宅类型，并同时凭借这些自建房的类型化实现在城市整体层面上的有机统一。

在北京这样的一线城市，至少在中心城区内，由于种种现实条件制约，自建房是不现实的。但目前至少都可以先从建筑内装修的民间自发营造做起，事实上也是这样，国人对内装修这件事特别有参与的兴趣，一种宏大叙事统一标准的价值体系崩塌之后，代替它的正是自发的属于个人的欲望和梦想，而它其实是具有相当积极的价值面向的，它可以在维护建筑空间民族文化多样化的同时不至于破坏城市整体面貌的和谐。

宏观层面

自发营造的动力从来都不缺乏，无论通过商业资本抑或行政权力，无须去组织或调动。问题在于这个社会的制度现实为这种自发的属于个人的欲望和梦想留有多少的施展余地或可能性。所以，若想使民间自发营造成为建筑与城市营造中一种有效的民族经验转换的方式，在当代中国城市建筑活动中继续发挥作用，就需要在城市管理上做一定程度的减法，为民间自发营造留下生长的余地，这也是中国既有体制接纳网络社会体制的大势所趋。例如，可以在土地的公有与私有制度层面做一些调整，虽然中国现在土地和城市管理上的严密控制可以让城市的发展更加有序，利于大范围的跨街区连接与整合，但城市受限于土地国有政策，市民少有属于个人、家庭或社区自发营造的灵活自由空间，严格的城市管理更加抑制了城市空间多样化自发营造的可能。

面向未来的建议是：可在土地的公共与私有及城市管理制度的宏观层面，兼顾城市公共的空间大结构与私有的民间自发营造。公共的空间大结构可以解决和控制都市结构分区、市政工程、机场车站等城市交通枢纽、都市绿化等人机环境协调相关问题，可在打造城市公共空间大结构的同时，在一定范围内适当利用私有的民间自发营造，让市民充分发挥个人、家庭或社区的能动性和创造力，使强大的市民自发营造力量从室内装修扩展到社区，从而在社区生活空间内细致地丰富城市肌理。

微观层面

以上是土地及城市管理制度宏观层面，而具体到设计师操作的微观层面可以怎么去做呢？王澍设计的宁波博物馆的立面上使用了大量旧砖瓦，可以作为设计操作上利用自发营造的例子。关于这些旧砖瓦，他只设定大的原则，并没有严格的施工图告诉工匠们建造中怎么去垒砌和拼接，而是让现场的工匠们自发营造，最后形成斑驳无序的博物馆立面。其实这种满不在乎的态度在他早期还只能得到小型室内项目的时候就已暴露，早在十多年前的 2002 年就曾给笔者很深印象，在其《设计的开始》这本书里他描述了为艺术家朋友陈默设计工作室的经过，他只提供了两张图纸和六条原则作为设计方案，其他的不再多说。而迫于陈默的追问，他的回答是“你相信我的设计，我相信你的感觉”。笔者当时对他的工作甚至很是怀疑，但他说当工作室建成，虽然细节略有变化，所有的一切都还掌控在最初设计的整个空间秩序架构中。他在此书“顶层画廊”项目的段落里回忆这段往事时说：“设计对我也许只是胡乱的开始，我唯一知道的是让工匠们在何处停止，并把这一切当作某种现成品和盘接受。”其实，满不在乎的成分并不一定就没有，满不在乎也不一定就不可以，艺术和设计的问题往往就是悖论，人在这个世界上可能最终需要的就是对眼前的一切满不在乎，因为事实上你对于你的眼睛终将不得不闭上这件事情根本无计可施。而对于他，只能说他不是那种陷入细节的建筑师，为了不至于偏离要点，我们可以暂时忽略其建筑细节上的极度粗糙，他的主要意思是注重从建筑生成方式上来控制。其实他满不在乎的态度在很大程度上是利用和发扬了来自民间自发营造的力量，也就是说设计师在细节上放权给民间有经验的工匠乃至每一个有营造愿望的个人不失为一种有效的营造方式。

走向公民建筑

就现实而言，参与中国快速城市化进程中城市空间欲望塑造的，主要还是权力和资本欲望，自发营造的民间欲望是被裹挟、被压抑、被埋没甚至是被胁迫的。一方面是权力与资本合谋下批量复制住宅背后的美学趣味和价值观混乱；另一方面是至高无上的权力操控下国家重大项目及标志性建筑如国家体育场 CCTV 大楼等的夸张出位。工业革命之初英国的“圈地运动”是将农民从土地上赶走用以养羊进而获取利润；而当今中国普遍发生的强拆是将原住民从土地上赶走进行房地产开发进而获取利润。所以在当下现实权力与资本的合谋中，利益的掠夺是首要的目标，住宅作为一种物化的生活方式所应具有的意义甚至是品质都被放在了其次，而住宅作为市民生活方式自主选择的民间自发营造更是无从谈起。

一个民族维系于人们共享的民族认同，以当代中国社会公义为价值取向的民族认同的建构，是包括民间自发营造方式在内的民族经验当代转换的指向。而在网络社会民族认同的网络化趋势下，民间自发营造将更易于导向“公民建筑”。2009落成的胡慧姗纪念馆作为民间自发营造的案例，虽然只属于建筑师个体的努力，并且只是一个极小的、弘扬个人生命价值的房子，却与2008年整个民族的生死体验相关联。刘家琨的作品转换了民族认同中的集体记忆及集体潜意识，荣格认为它往往同生与死这样至关重要的人类体验相关，并且这种记忆痕使个体按照其本族祖先当时面临的类似情境所表现的方法去获得心理体验与行动。40年前，冯纪忠以一个小小的何陋轩将空间从单调、坚硬的建筑格式和陈旧观念中解放出来，并以此提请人们注意他们每日习以为常早已麻木而毫无体验感的周遭空间。单调麻木的空间来自同样单一而面目单调的权力对每个公民自身空间权利的剥夺。何陋轩用简朴的材料如竹子、茅草等搭建了一个供周边老人喝茶、玩牌、打瞌睡的普通茶铺，是尚不为大多数人所认知的真正“公民建筑”。2008年，《南方都市报》设立中国建筑传媒奖并提出：“走向公民的建筑”，在冯纪忠辞世一年前给老先生颁发了终身成就奖以表彰他的贡献。相较于“公共建筑”，“公民建筑”的含义大不一样，它是指那些关心各种民生问题，如社区、居住、环境、公共空间等，在设计中倾注人文关怀，体现公共利益和注重高质量文化表现的建筑。城市是人们聚集在一起的结果，其社会政治性的含义是什么？在新世纪之初，中国的城市化进程骤然加快规模加大，到2030年中国将实现70%的城市化，这意味着中国届时将有10亿城市人口，部分建筑师敏锐地意识到仅探讨狭义的建筑观念已无法再面对中国的紧迫现实，而从民间自发营造走向公民建筑是城市的社会政治性含义的一种实现。

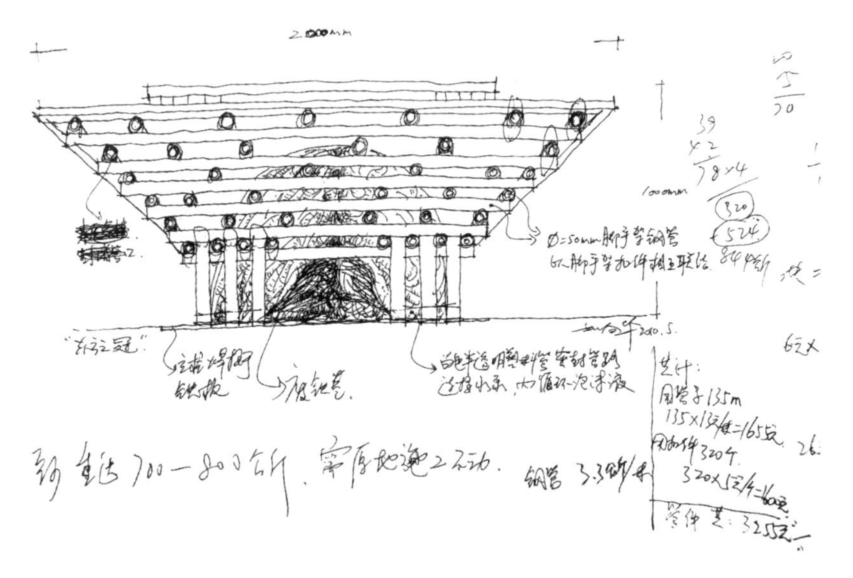

冠　刘向华　装置方案　2010年

4.3 双向批判的转换策略

基于民族造园经验的批判转换是一种双向批判的转换策略。所谓双向批判包括“批判性继承”即当代对于民族造园经验的批判转换和“创造性转换”即以民族造园经验的活性因子批判时代局限和社会缺陷。

“批判性继承”具体到对待民族造园在空间形态上的批判性继承上，大致有三种方式：一是重新组合民族传统园林及建筑形式，二是对民族传统园林及建筑形式做抽象化处理，三是对民族传统园林及建筑的空间观念进行研究；

而当我们将视野放到整个城市时，抽象的街区肌理、街巷格局和空间尺度较独立的民族园林建筑外观形式更为重要，它决定了人群聚居生活的基本方式和场所体验。这说明民族造园经验的转换在空间形态上更需以抽象的、非符号化的、当代的方式加以表达，例如它的空间肌理关系、材料语言和建构表达。

具体到设计操作上，当代对于民族造园经验在空间形态上的批判转换可能涉及：尺度转换，传统建筑环境空间尺度往往需要放大；关系转换，如私密转向公共，封闭转向开放；以及形式语言转换，如繁复迂回转向简洁流畅；审美取向转换，从沉重压抑转向轻松自由，等等。

空间记忆延续就是常见的批判性继承的民族经验转换手法。如何协调高效建筑空间与既往文化记忆之间的矛盾，既是在建筑环境设计中民族经验当代转换普遍要解决的问题，也是实施“批判性继承”的契机。国内外都有高品质的建筑环境设计相关实践案例，如由Nieto Sobejano建筑事务所负责设计的历史建筑圣特尔莫博物馆改扩建项目，将原有历史建筑改造成一件当代作品得到了国际上的认可。因其从艺术角度和历史角度强调了建筑与社会的联系，从而延续了空间的记忆，“博物馆的重新开放，为人们提供了传播知识和创造思想的场所。新博物馆还设计有一个侧翼扩建结构，位于海岸边，Urgull山下，目的是容纳新的文化与商业空间，并为公众和藏品优化参观路线。这个现代结构的视觉效果并不突出，这得益于建筑师与艺术家Leopoldo Ferrán和Agustina Otero的密切合作，这两位艺术家设计了由穿孔钢板构成的建筑墙体，上面种植了植物。”①

在双向批判产生的两种转换方式中，“批判性继承”即当代对于既往民族经验的批判转换关注和探讨甚多，而“创造性转换”即以民族经验的活性因子批判时代局限和社会缺陷的探讨却少见。王澍在建筑设计中接续民族造园的文人传统实际就是以民族造园经验的活性因子批判时代局限和社会缺陷的一个鲜活例子。这种批判实际上是在批判现实以保持

---

① https://site.douban.com/246433/widget/notes/17754976/note/473458172/.

独立立场和理想世界的同时实践民族造园经验的当代转换，这是个接近于一石二鸟或暗度陈仓的策略。2012年12月15日在苏州举行的“王澍·普利兹克奖·当代中国建筑”主题研讨会上，王澍同窗好友、同济大学建筑学院教授童明表示：“不搭调的文人传统到底跟当代建筑有什么样的含义？我觉得有很多的延伸。因为我们对很多现实不满，不仅是对环境不满，实际上最不满的还是对自己，作为知识分子或半文化的角色也好，在精神层面容易被整个环境所绑架。对于当代建筑来讲，你如何保持自己独立的立场以及保持自己非常清晰的线路，才能决定你会怎么做，这是非常重要的一个方面。”民族造园经验中的文人传统经时间错位后的传承，置于既有体制与当代商业社会，其活性得以显现，可见批判与转换的关系实耐人寻味：以民族文化传统的某些活性因子为武器对于时代局限和社会缺陷的批判，竟成为民族文化传统转换的路径。其实在王澍的作品中，借由民族造园经验对于当下习以为常的源于西方现代建筑体系的批判很常见，例如王澍自宅室内中以民族造园的戏台或亭的形式来建造阳台，是对现代建筑体系的批判，同时也是民族造园经验当代转换基础上的生成。可见，以民族造园经验的某些活性因子对当下的批判可以作为其转换的策略，进而成为生成与创造的契机，故而将其称为“创造性转换”。

作为一种双向批判的演进，基于民族造园经验的批判转换策略可能同时包含“批判性继承”和“创造性转换”的双向含义。如“师傅带徒弟”就是一种很有效的基于双向批判转换策略的手段。一些民族造园经验蕴藏在所剩不多的真正被“师傅带过的”本土民间工匠手中，他们世世代代以师傅带徒弟的方式传承并逐步完善着这些很少见诸于文字的民族造园经验。民族造园经验中往往是没有所谓建筑师这一称谓的，如张南垣、计成这样的造园家也往往只是为某些大户效劳，更多的只有师傅和徒弟组成的工匠队伍在相对固定的地域内世代因袭着既有的造园范式及其营造经验。当代景观建筑设计师在民族造园经验当代转换中的一个有效路数就是将民族传统园林营造工艺与现代景观建筑结合。王澍是这一路数的实践者，“施工前，我们对世博局提了个要求：所有涉及瓦爿旧砖、竹模混凝土、竹模版部分，大建筑公司肯定不会做，要留一个口子，恐怕只有我在宁波的工匠徒弟会做。世博局答应了。结果如我所料，而且他们做得又好又快。滕头馆定案在2009年5月，是最佳实践区里最晚开工的，却是第一个建成的。这支队伍从2003年开始，随我做传统工艺的现代结合试验，历经五散房、博物馆，他们的意识与工艺都已成熟。这是第一次，我不用上工地了，我的合伙人与助手去了几次，徒弟在电话里对我说：师傅放心，我知道怎么做。”[①]既然是师傅带徒弟，那么干完活徒弟孝敬师傅是自然也是必须的。在这个建筑师师傅带徒弟式地使用本土民间工匠以实现民族传统营造经验当代转换的建筑实践中，转

---

① 剖面的视野——宁波滕头案例馆，王澍，《建筑学报》，2010-05-20。

换正在悄然发生：工匠在拥有现代建筑理论观念的建筑师的要求和指挥下创造性地运用民族传统的工艺做法；建筑师也在与本土民间工匠的合作中将工匠活生生的民族传统营造经验纳入自己的现代建筑经验体系，并对这种来自于西方的建筑经验体系本身构成某种反叛，并作用于后续的建筑实践。“在这些年里，我跟很多工匠建立了很好的友谊。我开始对材料、施工、做法，变得非常熟悉。我亲眼看到每一颗钉子是怎么敲进去的，每一块木头是怎么制作成型的……彻底搞清楚这件事的全过程。我做后面的每一个建筑，可说是在对这件事极为了解和熟悉基础上施行的”。[①]基于双向批判转换策略的“师傅带徒弟”的民族造园经验转换手段，可以克服现代建筑流水线分工作业的标准流程所导致的千篇一律和乏味，通过徒弟（工匠）与师傅（设计师）之间的相互影响实现建筑环境设计的丰富演变。

民族造园经验双向批判的转换策略关键在自我批判中把握过去与现在的适当关系，而适当与否又在很大程度上取决于对其所处新环境的适应。这种新环境就是网络社会多样杂糅的建筑与城市空间模式，杂乱面貌只是这种新的建筑与城市空间模式的初期状态，随着基于建筑与城市民族传统营造经验双向批判的演进，杂糅在一起的各种建筑与城市文化会相互影响并产生制约，逐步使网络社会杂糅的建筑与城市空间趋向杂而不乱。而随着共性逐渐增多和差异性逐渐减少的此消彼长，建筑与城市民族传统营造经验双向批判的演进终将汇入网络社会“轻匀流”的建筑与城市发展趋势中去，这是一个长期的过程。

①剖面的视野—宁波滕头案例馆，王澍，《建筑学报》， 2010-05-20。

自虐—套牲口　刘向华　69cm×69cm　宣纸水墨　2015 年

自虐—怯懦群　刘向华　138cm×69cm　宣纸水墨　2015 年

自虐—疑惧者　刘向华　69cm×69cm　宣纸水墨　2015 年

自虐系列　展览现场

作为面对客观环境时个人主动性的即时变现，写意是画出那些被长期积压成激情愤怒或沉默悲哀而再难言说的思想。很明显，这是个将客观逻辑认知贬黜为主观情感体验的自虐过程。一种有别于西方的文化宿命，千百年来，却也成全了许多有意味的生命。

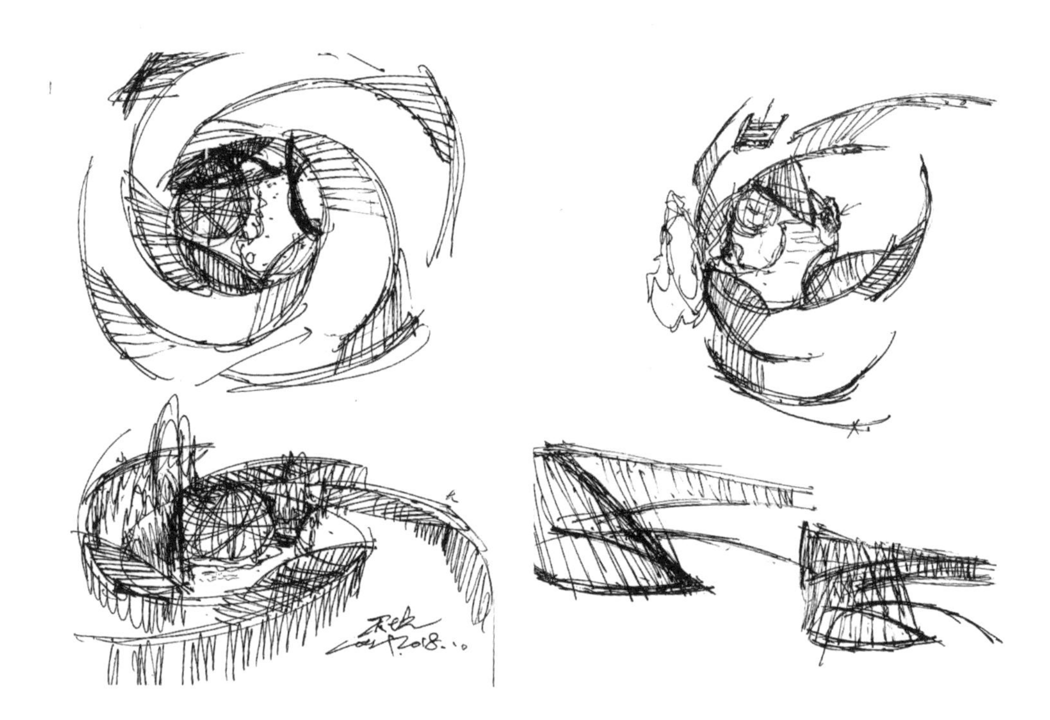

紫藤天坑位于园东门内小广场之后。万藤风天坑围绕利用天坑深陷的桶状非凡空间，构建丰富多变的坑周环绕及坑口悬挑紫藤构架，进而组织出抑扬顿挫回旋反转空间序列。穿过地面藤架，站在玻璃看台上可俯视坑中"别有洞天"景观，此坑中景观设两条竖向交通线路：其一为地上线路，沿坑内山峰与坑壁间台阶拾级而下。其二为地下线路，从两处地面下沉入口中任意一条穿地洞而入，均可抵达坑底。坑底草木苍翠间细流循峰而转积水成潭，静穆其中恍若隔世，周围岩壁森然青苔片片落英缤纷，仰望坑口天若碟盘穹光倾泻花架紫藤纵横悬挑，世外桃源洞天仙境惟妙惟肖。

天坑　设计：刘向华　制图：李知农、庞振豪　园林设计　2018 年

天坑　设计：刘向华　制图：李知农、庞振豪　园林设计　2018 年

天坑　设计：刘向华　制图：李知农、庞振豪　园林设计　2018 年

木鱼　中央民族大学美术学院 2018 级环艺本科一年级设计造型基础作业　学生：黄显　指导教师：刘向华

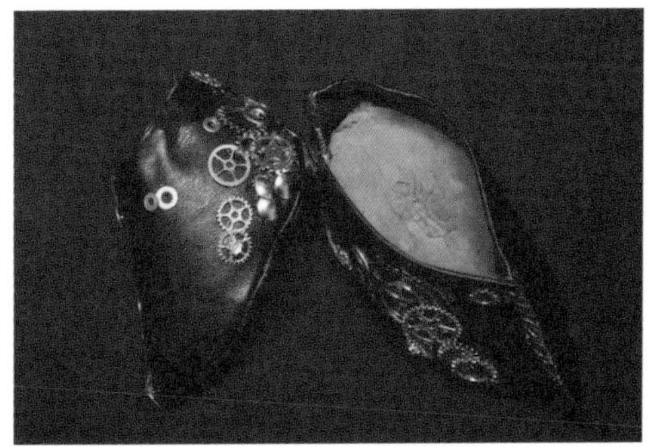

三寸朋克　中央民族大学美术学院 2018 级环艺本科一年级设计造型基础作业　学生：孙亚茗
指导教师：刘向华

香炉 中央民族大学美术学院 2018 级环艺本科一年级设计造型基础作业 学生：兰星瑜 指导教师：刘向华

空玺 中央民族大学美术学院 2018 级环艺本科一年级设计造型基础作业 学生：阮嘉成 指导教师：刘向华

第5章
途径手段

中国造园的民族经验当代转换，与西方相较而言呈现出更大的复杂性，这是因为在与西方一样需要面对高效建筑空间与既有文化记忆即古今之间的矛盾之外，中国还面临着中西之间的断裂，因为中国建筑与城市近代以来的转换是以西方为主导的，是“继发”的而不是“原发”的，因而与中国传统建筑园林在观念和建造层面上都存在着极大的矛盾。从某种意义上讲，民族造园经验当代转换的品质如何，主要看其转换途径手段对上述所面临的（古今、中西）这两个层次的矛盾解决和处理得如何。在前一章“方式策略”的具体论述中，作为印证和支撑，不可避免地已涉及了如“师傅带徒弟”等民族造园经验当代转换的一些途径手段，本章把“途径手段”作为一个专门问题来进行探讨和总结，目的是将民族造园经验当代转换的理论和策略落实到具体的设计操作上。

5.1 “壶中范式”的当代转换

中国传统园林最初“囿”的原型是基于定居生活方式而在所圈定的自然景域内再现以往不断迁徙的采集狩猎生活中所见之大自然。在“囿”的原型基础上，为适应城市定居、人口大规模聚集对于物理空间的占用，以及等级制度的成型对于心理空间的压缩才发展出“壶中范式”。中国传统园林“壶中天地”之精妙处在有限的空间中寻求无限，其途径即经由符号化以压缩时空而趋近无限。“壶中范式”的时空压缩使园林主人足不出户即已完成规模浩大的出游，呈现了中国人克服时空对人类肉身障碍的一种内敛智慧。伴随着一代代人作为生物在等级集权高压下继续存活下去的本能诉求，中国传统园林的“壶中范式”日趋稳定与成熟，人类自诩至高无上而区别于普通生物的自由精神，在适者生存的社会规则下被日渐压缩折叠起来，蜷缩到了一个因过度狭窄而日趋沉寂的“壶中范式”里。

中国传统园林内敛的“壶中范式”在空间上呈现为线性流动空间，线性流动空间的营造源于中国传统文人对人自身局限性的敏感，因而他们运用线性流动空间追求“天人合一”的理想境界，线性流动空间不仅能够在有限的空间里趋近生命的丰富及自由，还可以在时间向度上弥补生命的短暂脆弱和感时伤怀。中国传统园林为了主体而在其内部空间中蓄意线性回旋流动的做法再一次印证了中国传统文人内敛智慧独特的差异性传统。实际上运用线性流动空间追求“天人合一”的中国传统园林并不是“天人合一”的常态，而是一种反

迷宫 刘向华 装置（方案） 可变尺寸 2016 年

向的“天人合一”，一种执着于内敛的文化变态。因为它并不是返璞归真地将人融入广阔的自然，而是恰恰相反，它将山峦、花木和池沼等自然形态经过人力转换成一堆微缩的符号而收纳到一圈人造围墙内的微缩时空之中。这是在不可抗拒的等级集权高压下“兼济天下与独善其身”的人格分裂中所产生的文化变态。

作为一种明显区别于西方的差异性传统，内敛是民族造园经验“壶中范式”的一项根本特征。在中国漫长的历史积淀中，内敛几乎成了这个民族的集体潜意识而在社会运转乃至诸如文学书法绘画造园等活动中持续产生作用，形成其相对稳定的一套深层行为模式乃至文化制度。文化和艺术的问题不是简单的非此即彼，作为一种文化变态，中国传统文人的内敛同时也是一种品格和智慧，这世间的存在往往都是悖论。为什么要内敛？除了迫于等级集权高压的生存必须，内敛更是克制修炼主体以适应客体环境，借以协调人与天地自然、人与人乃至人自身的身与心的种种矛盾的需要，个体的内敛是中国传统文人达至所谓“天人合一”的实质途径。内敛不是目的，目的是适应环境以顺势应人合地适时地生存和发展，为适应客体环境中国传统文人选择克制修炼，内敛成为必然。

而当代城市中的大型公共建筑环境项目所要求的开放性和公共性及其巨型尺度，却都是民族造园经验中内敛的“壶中范式”所不可能解决的。民族造园经验中的那样一套范式是与中国古代的社会结构相吻合进而起作用的，在当代这种全球化、网络化的新社会结构时代条件下，没有必要也不具备这个可能性去严格地按照过去的那套范式来营造今天的建筑环境与城市空间。中国传统文人的内敛智慧及民族造园经验的“壶中范式”不是封闭静止的，而应该是开放发展的，目的是适应环境以顺势应人合地适时的生存。当民族造园经验中的那套陈旧范式已不能适应当代的社会结构、功能需求及受众人群审美变迁包括其对应的建筑体量和空间尺度之时，就是业已支离破碎的民族造园经验及其陈旧范式需要转换之日，以解释和应对当代中国的社会与时代现实及可预见的未来。

中国美术馆新馆规划用地处于奥运主会场鸟巢、水立方东北侧，在一个周围已经并立着数个地标建筑的场地中，建筑师面临的最大问题其实来自环境，如何处理新建筑与既有环境尤其是地标建筑之间的关系？再造一个气势逼人更具压迫感的建筑从既有地标建筑群中脱颖而出？这种人定胜天的建筑与环境对抗的思维模式在许多接受过西方建筑学体系教育的建筑师的实践中常常一再出现。潘先生所做中国美术馆新馆方案，呈现了不同于上述思维模式的中国文人内敛智慧。“还在85新潮的时候，我就认识到中国文化的核心是一种强调‘天人合一’的思想”，“而这种‘天人合一’的思想是通过什么中间环节来达成的呢？就是通过传统儒家的心性之学，它要求人对自我应该有约束和控制能力，人只能约

小山丛桂轩　刘向华　可变尺寸　水墨装置与表演及公众参与　2015 年

束好自己才能跟自然界和谐相处。我做的建筑设计，也带有这样的理想在里面”。[①]儒家心性之学对于自身的约束和控制以及对于环境的体认和尊重是一种内敛智慧，需要注意的是，这个方案的环境既包括外部环境尤其是既有地标建筑如鸟巢、水立方等奥运主场馆，也包括内部环境即中国美术馆、中国工艺美术馆和国学馆这三大馆的相互关系。

实际上三大馆规划地段的奥运建筑已经呈现出各自标新立异而又彼此孤立的状态。奥运主会场的椭圆形鸟巢和正方形水立方，再加上西侧那座李祖原以微物放大法设计的超拔龙图腾“盘古大观”，如果再循着这个思维模式走下去而将中国美术馆新馆、中国工艺美术馆及国学馆都设计成鹤立鸡群的大型地标性公共建筑，此一区域将变得难以收拾。潘先生反其道而行之，“首先，我将这三个馆的建筑作为一个整体思考，用形式语言把它们串联起来，使其成为一个长形的建筑群，避免奥运公园东侧区域被割裂成一块一块的，而且在外立面上构思了足够的复杂造型，使其跟周边几大建筑的单纯形体形成对照，形成相得益彰的关系。”[②]三馆连续而成组群并匍匐在大地上，因而获得了宜人的尺度及亲切感。这与中国传统造园观念上退思自守及手法上因地制宜的文人内敛智慧一脉相承。我们可以将中国传统园林视为中国人作为生物适应环境结果的物质外壳，当我们去查看江南园林的营建史，就会发现几乎每一处江南园林都是由封建集权帝国里现职或退休的中高级文官所建，并且其园名或园中匾额题写都向我们泄露了这些中高级文官退避和拒绝集权指令的建造动机。如江苏同里的退思园，所谓退而思过之意无非是找个冠冕堂皇的借口而已；而网师园即退而结网去做一渔夫，目的在于处江湖之远，是否忧其君倒在其次，关键是不要让集权统治者担忧你。这些中高级文官及其富二代退避内敛的园林生活其实并非为寻求心理平衡而蓄意制造对抗，而是一种出于维系个体生存的自我约束和控制的内敛智慧。

对这种约束和控制自身以适应环境的文人内敛智慧的扬弃运用，使该新馆方案区别于奥运主场馆孤立的标志性建筑单体思维模式，而从城市区域整体来考虑将中国美术馆、中国工艺美术馆和国学馆设计成“三馆一体”，能够在地标气场集聚的非常规场地中统合区域文脉。这不仅回应了民族造园经验中注重整体关照的理念，其要害处是将外部矛盾统合转换成内部问题来处理，这样看似难以调和的三大馆之间的矛盾被消解于无形，这种基于民族传统文化的内敛以实现生命自足及民族繁衍的一种生存智慧，在这个民族几千年如中空漩涡般不断席卷统合周边族群文化的历史中被一再印证。现在该项目甲方采用法国建筑师让·努维尔的美术馆方案，实际上是默认了三馆分设的做法，三大馆之间的矛盾被搁置下来，将来另外两馆设计时面临的外部矛盾之错综复杂可以想见。

将外部矛盾统合转换成内部问题来处理的思想使这种悠久的文人内敛智慧呈现出一种

---

①《潘公凯—弥散与生成》展览画册，今日美术馆，第24页。
②同上。

小山丛桂轩　刘向华　可变尺寸　水墨装置与表演及公众参与　2015 年

开放发展的大格局，这种基于内敛智慧的大格局为民族造园经验的“壶中范式”提供了当代转换的全新思路与可能。

小山丛桂轩

具有高度自主性的流动空间观念不仅体现在中国书法水墨上，也体现在民族造园经验中，这主要表现在其缘于“壶中范式”内敛智慧的欲扬先抑的流动空间上。2015年4月在墨尔本维多利亚大学（Victoria University at Metrowest）美术馆的个展中，作者实施的名为“小山丛桂轩”的纸巾水墨装置，源于对中国苏州网师园空间经验的观念诠释。民族造园经验的“壶中范式”蕴涵的内敛智慧是中国文人的一种普遍品格，内敛是克制修炼主体以超越客体环境摆布，借以协调人与天地自然、人与人乃至人自身的身与心的种种矛盾，从而获得高度自主性的途径。这组名为“小山丛桂轩”的纸巾水墨装置，重构了往往被忽视的小山丛桂轩在网师园中的空间作用及其背后独特内敛智慧的文化含义。小山丛桂轩相对中部水池“倒座”的建筑方位不仅对网师园南面入口起了障景作用，也是围合园林核心水景，形成所谓“壶中天地”欲扬先抑的流动空间不可或缺的关键性因素；此外，水墨装置“小山丛桂轩”欲扬先抑的流动空间在保持内向吸引力的同时，也作为一处社区公共空间具有开放性，水墨装置与行为事件相结合，在展览期间不断吸纳一系列表演艺术、公共水墨工作坊及研讨会等公共活动。民族造园经验“壶中范式”流动空间欲扬先抑的内敛智慧在主动维护内部极大丰富性的同时，水墨装置“小山丛桂轩”介入所在美术馆建筑一层大厅的公共空间环境和多种族社区开放的文化环境，激发了不同文化人群的信息交换和人际网络拓展，这种将外部矛盾统合转换成内部问题来处理的内敛智慧，使主体在最大限度地保存负熵流的同时，呈现出高度开放发展的大格局。这种以水墨介入公共空间对民族造园经验的“壶中范式”进行转换的实践，意在网络社会国际都市空间中探讨根源于民族经验的文化创造。

“壶中范式”的透明性转换

1964年柯林·罗和罗伯特·斯拉茨基所撰写的《透明性》发表英文版，其中所提出的透明性包含两层含义：物理透明和现象透明（Transparency: Literal and Phenomenal）。其中英文Literal是文字、字面的意思，字面透明（Literal Transparency）就是指直观的和显而易见的透明，包括视觉上的透明例如玻璃塑料等材料的透明以及表意上的透明，故而翻译作物理透明。而现象透明在观念上意指超越字面透明、物理透明乃至超越纯视觉的概念和想象加入，在物质空间层面上意指建筑及造园中的空间

小山丛桂轩　刘向华　可变尺寸　水墨装置与表演及公众参与　2015 年

小山丛桂轩（现场公共水墨活动） 刘向华 水墨装置与表演及公众参与 可变尺寸 2015 年

小山丛桂轩（现场表演） 刘向华 可变尺寸 水墨装置与表演及公众参与 2015 年

层级化，包括同一平面上以及垂直面乃至任意角度切面上的不同空间界面和叠层。民族造园经验“壶中范式”的透明性转换至少包含在现象透明的以下三方面意思中：一、园林界面或园林建筑立面的透明性：园林界面或作为浅空间的园林建筑立面暗示建筑和园林内部不同界面和三维空间；二、园林包括园林建筑内部形成空间维度的矛盾：包括内部空间交错乃至深空间与浅空间的矛盾；三、造园的多义性空间：在任意造园空间，能同时处在两个或更多的关系系统中的某一点具有透明性即空间具有多义性，从属于多个系统。

形式及空间手法转换

局部坡屋顶、园林式空间布局以及从民族传统建筑符号提炼出来一些民族符号图案，是中国建筑环境设计中长期运用的三个形式母体。贝聿铭设计的香山饭店“坡屋顶、园林空间、民族符号”的民族形式转换，是建筑环境设计中民族造园经验转换常见的一种手段。贝聿铭的形式技巧比较高，将中国建筑环境设计中长期运用的“坡屋顶、园林空间、民族符号”这三个形式母体做得很高超也很精心，其对于民族造园经验当代转换的实验对中国建筑设计界产生了长期的影响。在民族形式转换手段中，不乏在坡屋顶、民族符号运用上的成功例子，如方塔园何陋轩的全新坡屋顶结构，用纯中国本土的竹材实现了现代钢架的结构方式，以竹子、稻草、方砖建成的这个超低成本建筑，四个方向的坡屋顶只是互相交错，各自独立而没有缝合，这顶在空中的四片稻草似乎临时遭遇，即成一处可栖身其下的建筑。而王澍的许多建筑实践也采用了“坡屋顶、园林空间、民族符号”的民族形式转换手段，中国美术学院《象山校园二期》大尺度的坡屋顶转换，以及用放大窗花和不规则的窗洞处理建筑立面，等等；其早期《自宅室内》中书屋的书架以及卧房的屏风所采取传统托窗形式，都运用了民族符号，使整个建筑或空间弥漫着江南烟雨文化的气息。而传统园林空间之当代转换，是“坡屋顶、园林空间、民族符号”的民族形式转换手段中具有更多可能性的方面。

民族造园经验在空间上始终遵循“合和”的观念，这种“合和”空间观念的转换运用主要体现在建筑与环境的关系处理上。王澍建筑设计的民族形式转换中也不乏这方面的例子：如2004年建成的《宁波当代美术馆》的馆前坡道和绿地的处理、2005年完成的《象山校园一、二期》建筑与景观地形的结合，都可让人看到传统园林建筑与环境空间关系处理上的合和观念。而《象山校园一、二期》整体上建筑的分散式布局设计、公共庭院的围合，连廊台阶的高低错落等空间环境关系处理明显源于传统园林“合和”的空间观念。其《苏州文正图书馆》建筑的体量努力与周边山水协调，自然则作为一种整体要素制约建筑的形成，提升建筑品质。建筑成为一个感受自然的装置，其促进人、建筑、自然之间对话的场所意义也因此显示出来。这种建筑与环境关系上“合和”的空间观念也体现在一些具体造园手法的灵活运用上，如传统园林中亭子的造景作用之当代转换，“苏州文正图书馆”临立水中的方盒子位于与图书馆主体相斜的一条轴线末端，形式上以一种肆意的姿态打破了原有方整的形态，表达了对规整和平行的拒绝，这是民族造园经验的空间处理手法中亭子的造景作用转换运用的结果，与民族造园经验中建筑物观景与被观的“合和”空间观念也极为一致。类似的例子还有王澍《自宅室内》阳台白色折线形的体块及其开窗的做法，是现代的造型形式，但空间的体验上却隐约有传统园林中亭子的造景意味。尽管不是采用园林建筑的具体形式符号，王澍以抽象、简洁的建筑形式表达了他对江南古典园林空间观念的理解，使得建筑既呈现出当下的时代意识，又延续了民族地域文化的历史文脉。

对传统园林空间设计手法的转换运用，是建筑环境设计中民族造园经验当代转换的重要手段。例如民族造园经验“小中见大”空间手法的转换运用，贝聿铭苏州博物馆新馆室内外山水意象的表达就具有很高品质，他利用“小中见大”的空间设计手法将民族造园经验的“壶中范式”推向了极致，室外水池对岸粉墙前微缩的江山及室内楼梯空间的山水墙面，真可谓“移天缩地入君怀”“一勺则江湖万里”！或高山流水，或江湖之远，这种小中见大的空间设计手法是一种反向的天人和合，将自然形态转换成一堆符号而收纳到一圈人造围墙内，是一种趋向内在的民族文化特质；再例如对民族造园经验“欲扬先抑”空间设计手法的转换运用上，冯纪忠先生设计的松江方塔园堑道也是一个十分成功的案例。

上述“坡屋顶、园林空间、民族符号”的民族形式转换实践提供了很好的启发和经验，但也存在一些问题。在宏观上，贝聿铭选一个偏僻、安全、没有历史语境的北京香山，来搞江浙园林民居和现代主义抽象美学的结合，其实也回避了关键性的一个问题，那就是在迈向全球化的北京城里如何建构当代中国本土的建筑和城市。一种淡化甚至拔除历史、地域及人群的民族形式转换的现代抽象技巧和手法主义演练，对迈向网络社会建筑与城市设计的民族经验转换而言，是否意味着某种全球和未来视野的方向？无论是贝聿铭的主动回避，抑或是王澍那种主观与现实之间诠释角度的错位，都属于知识分子自己塑造的巨大文化幻想，都没有解决而是暴露和凸显了当下所面临的现实问题：除了民族经验当代转换的迫切现实需求之外，在近一个世纪的民族建筑及造园经验转换实践中，中国各历史阶段、地域、文化、族群传统的多样性和异质性一直被无意甚至有意地忽略，而与此相对应的从官方话语的“坡屋顶、园林空间、民族符号”为形式手段塑造出来的抽象、大一统的“中华民族传统”概念又意味着什么？其中是否潜藏着网络社会全球化背景之下的某种前景？

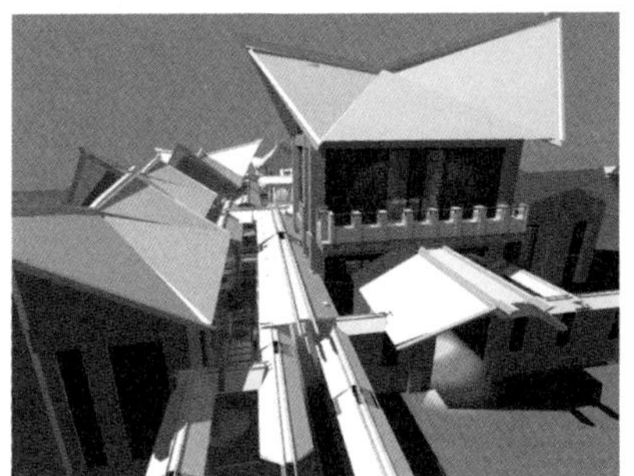

三亚某宾馆草模　刘向华　园林建筑设计　2012 年

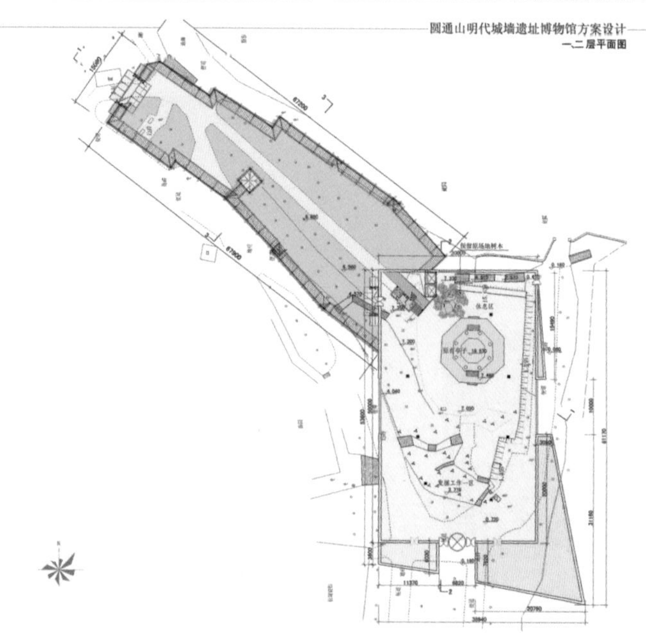

云南圆通山城墙遗址博物馆方案设计　设计：刘向华　制图：刘向华、苏畅　建筑园林设计　2011 年

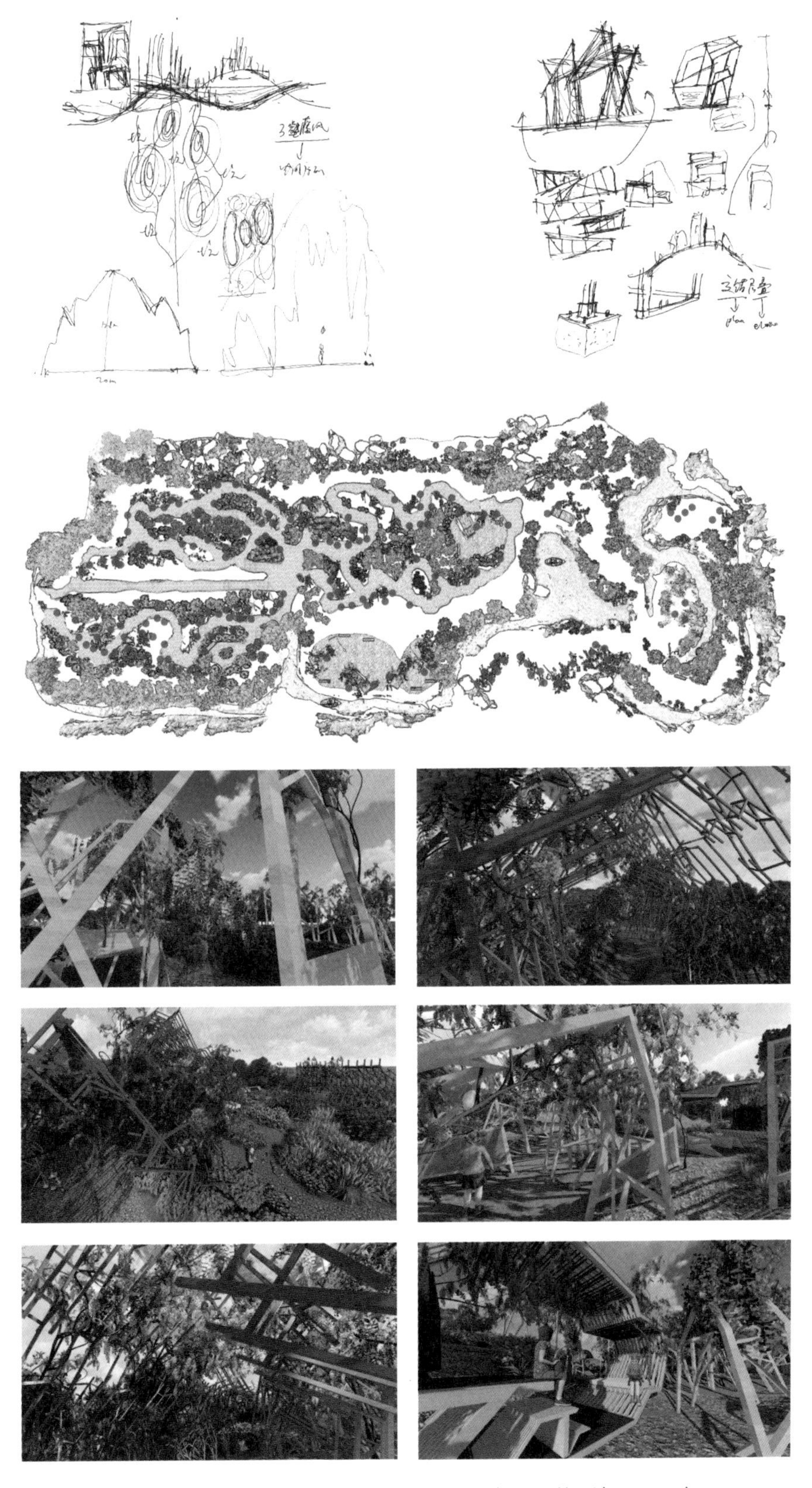

万壑藤峰　设计：刘向华　制图：柴天滋、庞振豪　园林设计　2018 年

5.2 建构性转换

建构[①]（tectonic）的意思主要是指以一定的客观地理及社会环境中的材料结构技术为支撑的真实性建筑本体结构组成，是材料结构受力和搭接传递力量的真实呈现，而非蓄意的表面装饰或主观的造型符号拼凑，它集中表现为节点（Joint），是由技进艺的高超的结构技术的浓缩。

对于民族造园经验而言，其建构性转换，包含着两种设计操作手段：

其一，是运用民族园林建筑营造经验中的建构思维和技术，以当代的材料解决当代的功能和问题，从而赋予其结构逻辑以新的可能性结果。

其二，从民族园林建筑营造经验中提炼抽象出基本原型，在这一提炼抽象过程中遵循结构诚实原则，运用当代的材料技术不断寻找简练的原型秩序，通过尺度的控制，在设计结果上清晰、完整、有序地表达结构体系的逻辑及建造过程，而非直接使用民族传统的园林建筑细部或表面形式。

民族造园经验的建构性转换，与庸常的风格（Style）模仿拉开了距离，在一个抽象而又具操作性的层面上运用民族园林建筑营造经验中的建构思维、技术或基本原型，从而给运用新的观念、材料和技术解决当代问题留下了充分的施展空间。

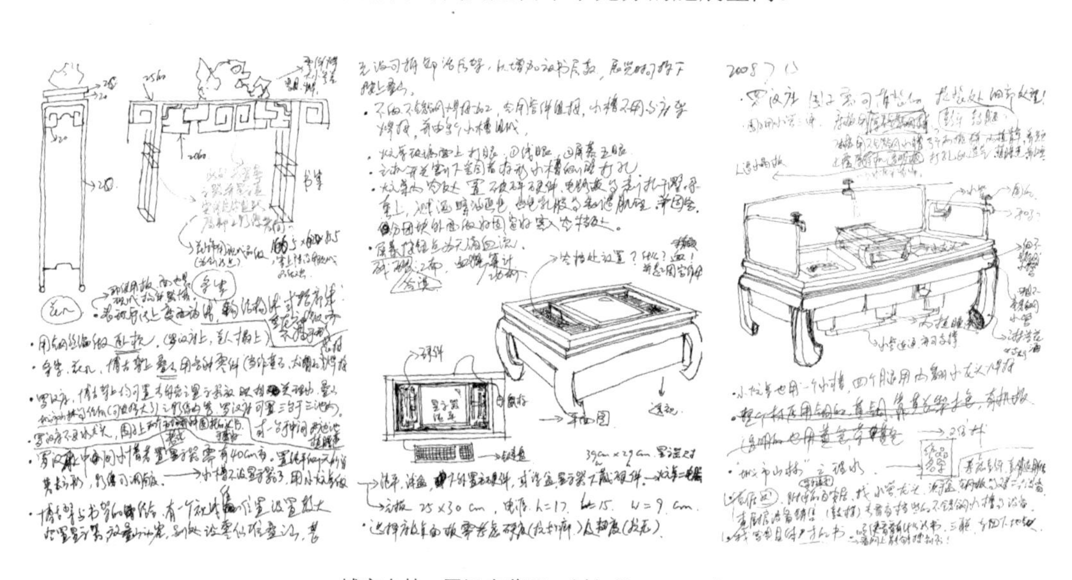

城市山林—罗汉床草图　刘向华　2008 年

①建构这个词来自“tectonic”。肯尼思·弗兰姆普敦在 1993 年出版的著作《Study in Tectonic Culture The Poetics of Construction in Nine--teenth and Twentieth Century Architecture》中，详细地论述了“tectonic”，这本著作在 2007 年 7 月由南京大学建筑学院王骏阳教授翻译为中文出版，书名翻译为《建构文化研究—论 19 世纪和 20 世纪建造诗学》，其中将“tectonic”翻译为“建构”。在随后马进、杨靖编著的《当代建筑构造的建构解析》一文中也将“tectonic”一词翻译为中文“建构”。在此书之前，弗兰姆普敦在一篇名为《Rappela ‘L’ Ordre, The Case For The Tectonic》的文章中说：…… the term (refer to tectonic)not only indicates a structural and material probity（真实） but also a poetics（诗的、富于诗意的）of construction, ……

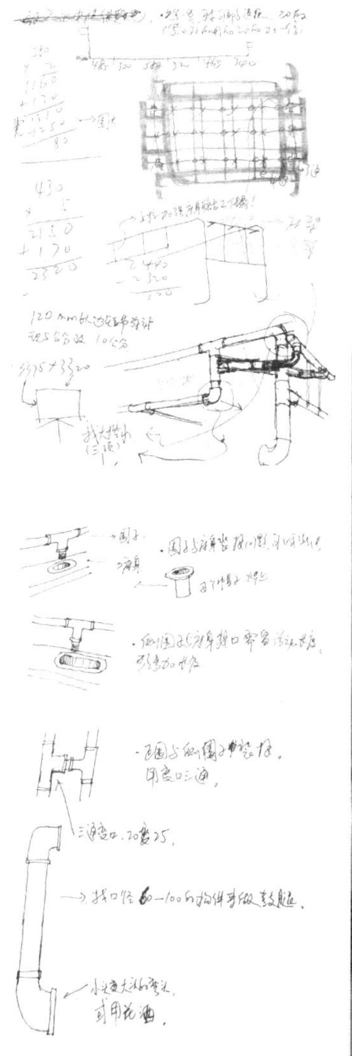

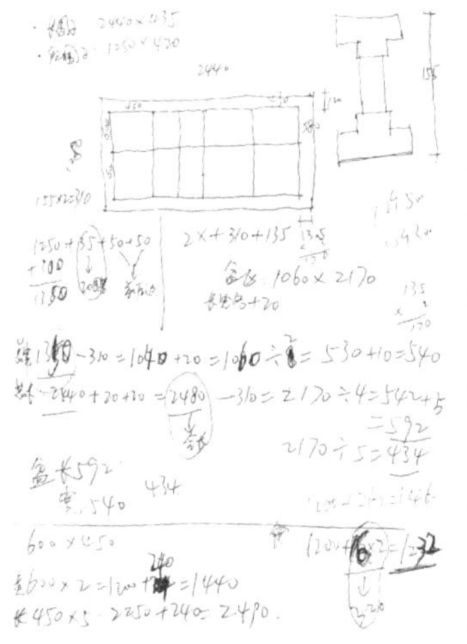
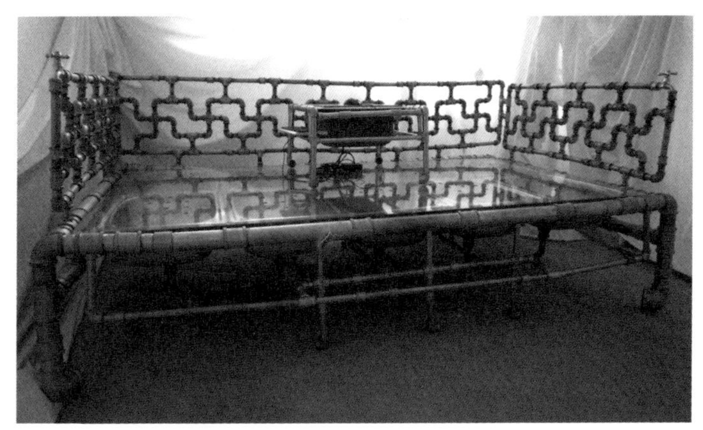

城市山林—罗汉床　刘向华　250cm×160cm×110cm　装置　2008 年

5.3 重组与植入

重组与植入的设计手段是网络社会条件下“物来顺应”的民族造园经验转换的客观结果。在网络社会地域割裂和越界同构的全球都市空间和文化模式下，艺术创作和环境设计中对独特的民族、地域和历史文化的重组及对其他民族地域既有都市空间或文化结构的植入日趋常态化。承载并重组外来民族地域文化观念和信息的建筑样式和风格，或废弃物装置和公共艺术项目，策略性地植入而奇迹般激活消极的城市负空间，突破现代主义单面功能唯物效率是图的既有城市或建筑的固有结构和功能边界的禁锢。以公共空间装置创作实践来看，重组和植入的一个基本方式就是废弃物再利用，废弃物品材料乃至空间携带着时空轨迹中人类创造并损耗这些旧物的历史痕迹，其自身记载着显现人性特征的民族地域信息，以废弃物再利用来重新认识和拆解现代主义单面功利逻辑之网所界定的世界、发现现代社会生产、生活物品既定功能之外新的可能性，解构并重组出一个丰富多样富有人性和更有意思的世界，其构成部件颠覆了现代主义的单面功利逻辑，重组的构成部件之间及其与所植入的环境之间呈现为一种悖论关系和杂糅表情。建筑环境设计的其他方面亦同此理。

“桥下山林”

“桥下山林”景观建筑设计方案“物来顺应”的设计观念在方案中以“植入”和“重组”的设计手段引入自然和恢复风俗文化、激活城市负空间，促进社区互动，是民族造园经验当代转换的设计实践。

1. 植入自然，巧于因借：在旧有城市环境中引入自然及新的功能从而改善和激活社区环境。以植入自然填充城市负空间的手法让自然在城市内部重新夺回其应有的地位。在城市中造园引入自然，所谓城市山林与人们向往的真实山林环境相比更趋向于是“壶中天地”的民族造园范式，即在有限的空间内营造紧凑有趣而无限丰富的世界。“桥下山林”景观建筑设计方案以“壶中天地”的民族造园范式，让建筑反向与自然结合，因借建筑以营造山林，亦将自然引入城市，其中的公园、都市农场、节地生态葬，作为预设项目引发事件的同时也在城市内部夺回了部分属于自然的位置。①公园：整组建筑被绿植覆盖为公园，并植入公益文化功能，互为因借，平衡建筑与自然、物质与文化的关系。②都市农场：在都市化地区利用田园景观及农业文化增加城市中的自然因素。③节地生态葬：随着社会老龄化的日益加深，节地生态安葬作为新兴的安葬类目之一，以植物代替坟墓和墓碑，被绿植包围的社区祭祀区域近在咫尺，较现行的安葬形式更加节地环保和可持续，更重要的是在唯物效率是图的大都市内部试验性地恢复民族风俗文化。

2. 重组功能，引发事件：在全球经济和文化跨地域越界同构的网络社会城市空间模式

“桥下山林”设计方案　学生团队：徐重阳 吴宇 林培青　指导教师：刘向华　2017 年

下，利用场地现有城铁高架桥下及其与住宅小区之间的灰色地带和旧有市场设施，根据对社区跨地域流动人群的行为习惯和文化心理需求，重组功能、增加密度以调适社区不同人群的关系并促进互动，修正和弥补大都市外围松散广漠的状态和城市公路及轨道路桥对城市的割裂。①根据社区人群尤其是流动人群对祭祀活动的需求在高架桥下设置祭祀空间；②根据人们对共享交流以及活动空间的需求扩充市场前广场及周边设施；③根据社区居民有种植习惯的需求设置都市农场、自发营造的花园。④高架桥下植入台阶围坐的建筑以联通周围的环境设施；⑤引入都市农场使其与周边社区及居民融合；⑥原市场迁入高架桥与农场之间位置的南北两侧，中间设广场，综合体内的市场、公园、泳池、儿童乐园、广场、农场等多功能的密集综合使整片区域的交往空间更加多样，可以聚集人群促进交流互动。

“城市山林Ⅱ”方案

“城市山林Ⅱ”是运用民族造园经验“物来顺应”观念下的“重组与植入”手段在装置艺术领域的转换实践。

观念。一、“城市山林Ⅱ”装置方案计划用废弃塑料容器栽种绿植，来制造以苏州园林艺圃书房家具陈设为原型的一组空间装置，进而构成城市公共空间或建筑室内外空间中的园林——“城市山林Ⅱ”。以民族造园经验中顺应既有环境条件的“物来顺应”观念对城市废弃物现成品与既有空间进行重组与植入，意图为改善雾霾侵城、垃圾围城的中国城市人居环境，安顿焦虑城市人群的日常生活找到新的可能；二、利用难以降解的废弃塑料容器造物并栽种绿植蔬菜，灵感来源于中小城市居民狭地种菜的现象，其中所包含的本土民间智慧表现为一种来自底层老百姓在日常生活中爱惜物品、珍惜资源、巧妙利用手头有限可得之物的“卑微经验”——不受既定思维和材料结构、空间功能的限制，从生活细微处节俭运用一切手头边角废料解决现实问题，进行日常的创造。“城市山林Ⅱ”装置方案就是发扬运用这种“卑微经验”，及人与自然合一、知足随和的“物来顺应”智慧，回应资本及消费盛行的当代社会所遭遇到的一系列现实环境、社会和心理问题。

构思。装置“城市山林Ⅱ”兼顾日用功能与审美，打破当代艺术与设计的人为硬性边界，以废弃塑料容器栽种绿植蔬菜并重组成书房家具陈设，将日常办公学习空间转变为室内园林，在净化室内空气的同时自给蔬菜，安顿身心。借助中国传统园林“卧游”的观念，实践艺术与日常生活的融通：坐卧于塑料容器绿植构成的书房“椅”“榻”之上，足不出户，即可“卧游”以管窥自然奥妙，怡养性情。具体做法是以不同规格的废弃塑料瓶、桶、箱安装重组，以塑料扣绳连接形成细部构件，构成椅、榻、书桌、书架、假山的形态，其中遍植绿植及无公害蔬菜自给自足，使整个装置成为一所微缩园林，于“壶中天地”间小中

城市山林Ⅱ方案　刘向华　可变尺寸　装置　2016 年

见大， 在“城市山林”中颐养身心。

特点。一、在观念上，承接中国传统造园“物来顺应”“芥子纳须弥”的思想，运用本土民间造物“卑微传统”的智慧，汲取生活美学的当代理念，本项目有综合民族文化传统、本土民间智慧、当代生活美学的特点；二、在形式上，装置作品以废弃半透明塑料制品重组成家具陈设遍植蔬菜绿植构成微缩园林，适合普通市民居室临窗陈设布置，具有轻松好玩、普适自然、成长变化的“轻匀流”特点。

意义。一、本项目在老祖宗和老百姓的智慧（民族造园经验及其民间卑微经验）里探索应对当今中国雾霾侵城、垃圾围城、心理失衡等城市病的方法，减少废弃塑料制品形成“白色垃圾”，并降低家具制造形成的资源浪费、减少食用农药残留蔬菜，具有保护环境、节约资源的现实价值和意义。二、进入这片土地上的真实传统，激活民族造园经验及其民间卑微经验中对当代有益的成分，将自省内观、物来顺应、知足随和的智慧运用于解决当代面临的问题，本身就是对民族造园经验的当代转换创造，也是对西方文化局限的弥补。三、植入公益环保艺术教育。在后续植入城市公共空间的展览中，以废弃塑料瓶栽为课题组织瓶栽艺术公益工作坊，安排吸纳观众收集废弃塑料容器设计制作瓶栽。“城市山林Ⅱ”的瓶栽不断生长的同时，达到公众环保的公益艺术教育作用。

舰桥

基姆·伊莎贝独岛纪念公园是一个在韩国的国际设计项目，“舰桥—基姆·伊莎贝独岛纪念公园设计方案”是运用民族造园经验“物来顺应”的重组手段在全球化及网络社会语境下的转换设计实践。

盲目地拆旧建新的发展方式造成历史人文环境破坏和公众文化历史记忆丧失及归属感差，而城市公路的蔓延又造成城市割裂和空间浪费，本设计方案以“物来顺应”设计理念及其“空间重组与记忆植入”的设计手段回应基姆·伊莎贝独岛纪念公园项目面临的上述挑战及隐含的问题。“物来顺应”的理念在古代的中国造园中就有体现，即不以“改天换地，人定胜天”的现代主义思维定势拆旧建新，而是以“因形借势，顺天应人”的方式整合重组从既有城市的内部重生，“物来顺应”在方案中以“空间重组与记忆植入”利用场地原有道路与旧公寓楼改造重组成“桥楼综合体”，安排纪念馆、体验馆及停车场，整合了空间地块，增强了各景区间的整体连贯性，修正和弥补了都市松散广漠的状态和机动车道对城市的割裂。进而恢复文化历史记忆、激活城市负空间，促进社区活力。建筑主体与水池景观一体，造型灵感来源于基姆·伊莎贝将军在韩日海战中的英勇事迹，抽象造型的桥楼外观及水池景观形态，形成了海战时船只在波涛汹涌的海面上迎难而上的空间意向。艺术村区域的设计延续了“桥楼综合体”整合重组的设计理念，通过路桥整合连接艺术家工作室及树木溪水景观和公共空间，立体组合形成紧凑而富于变化、活泼有趣的立体空间体验。

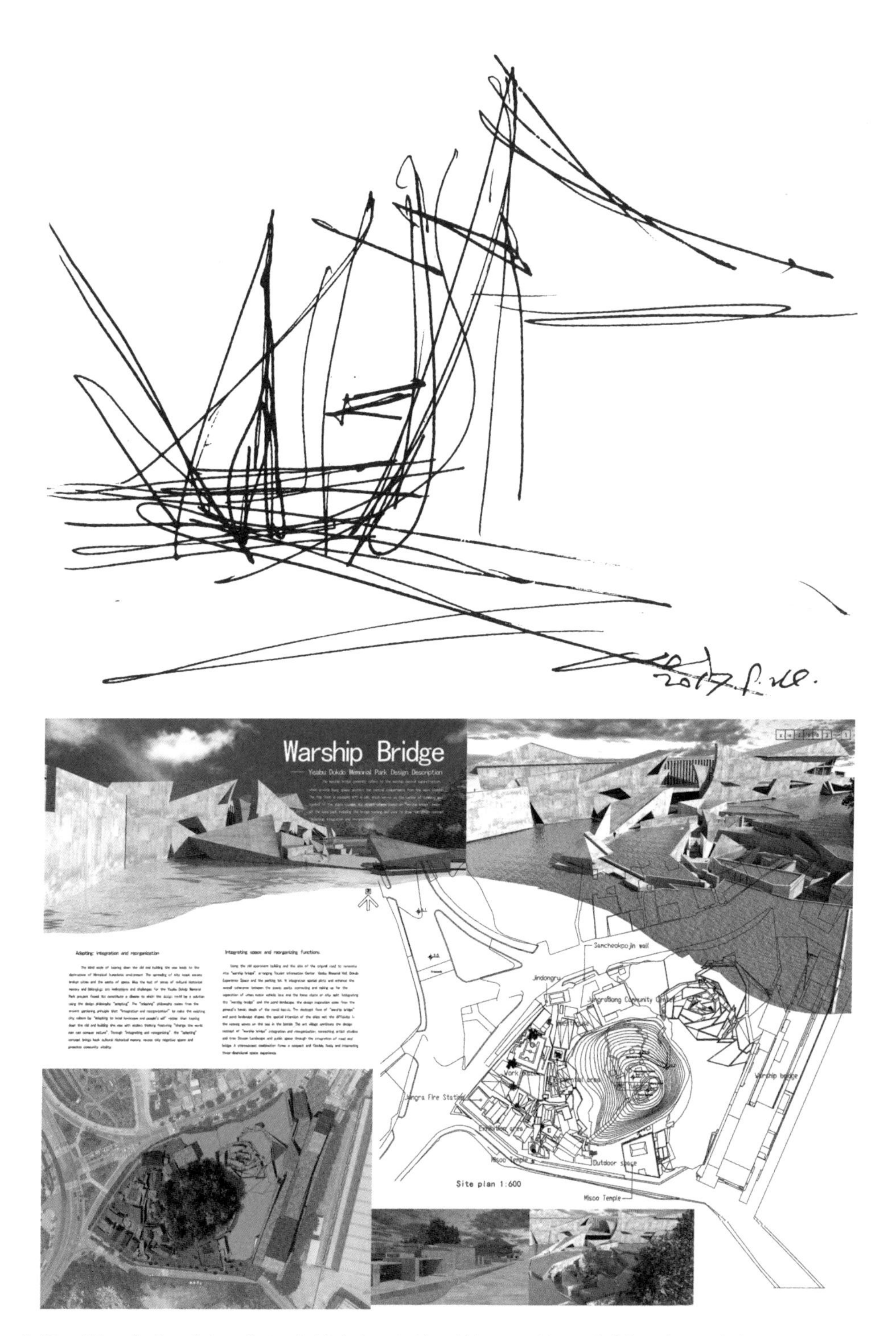

舰桥—基姆•伊莎贝独岛纪念公园设计方案　设计：刘向华　制图：郑克旭、赵军、赵家昆　2017 年

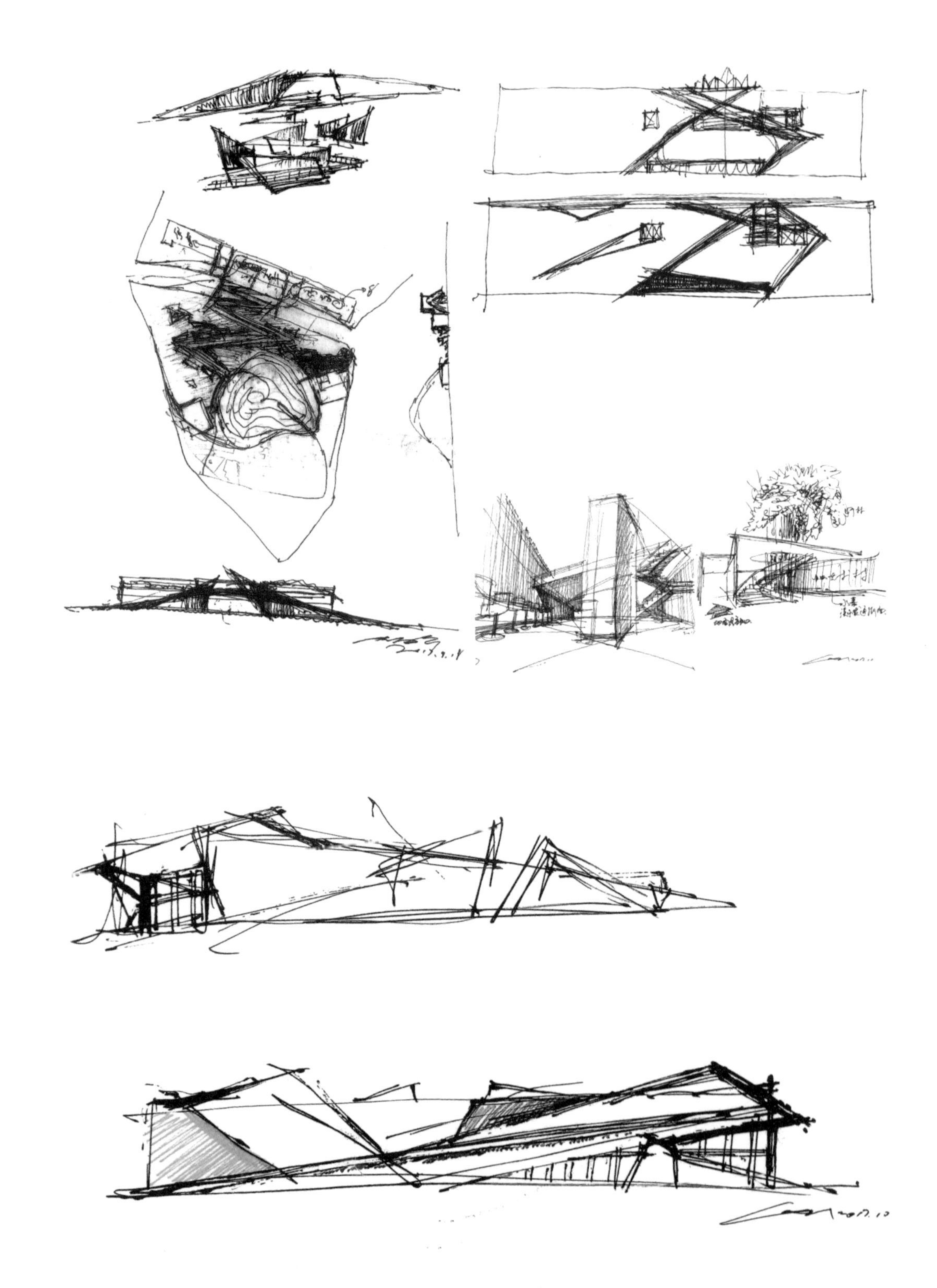

舰桥—基姆 • 伊莎贝独岛纪念公园设计方案　设计：刘向华　制图：郑克旭、赵军、赵家昆　2017 年

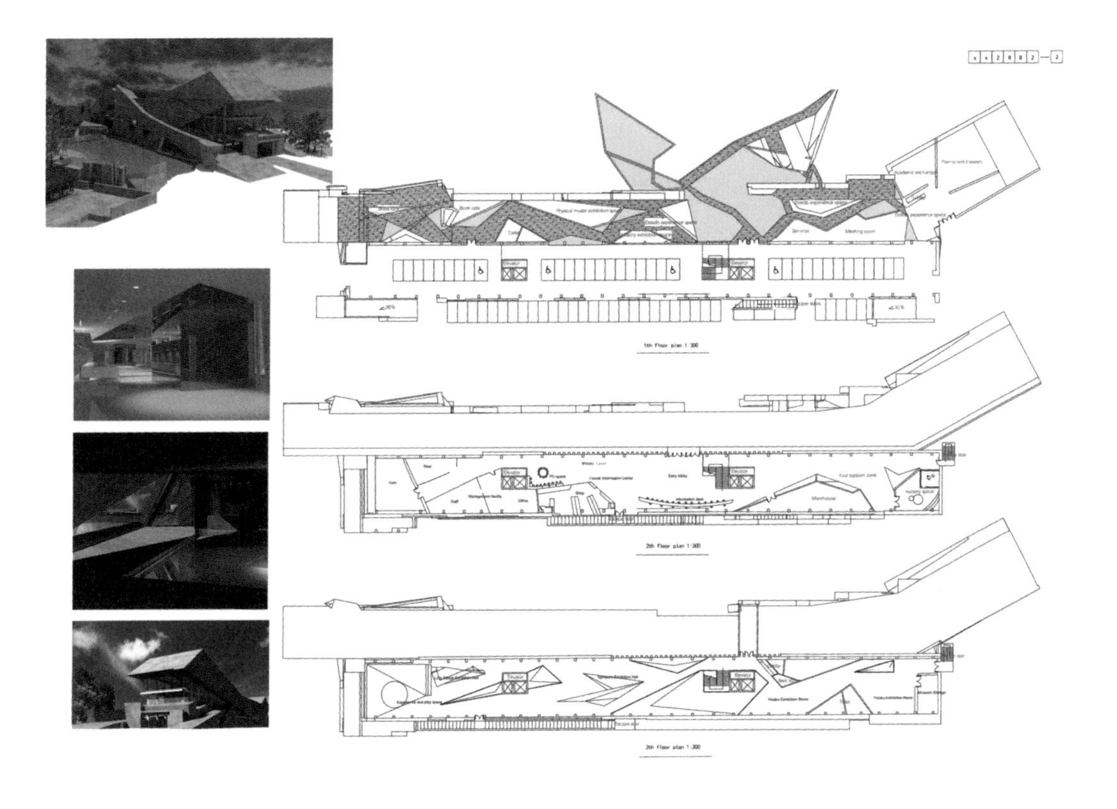

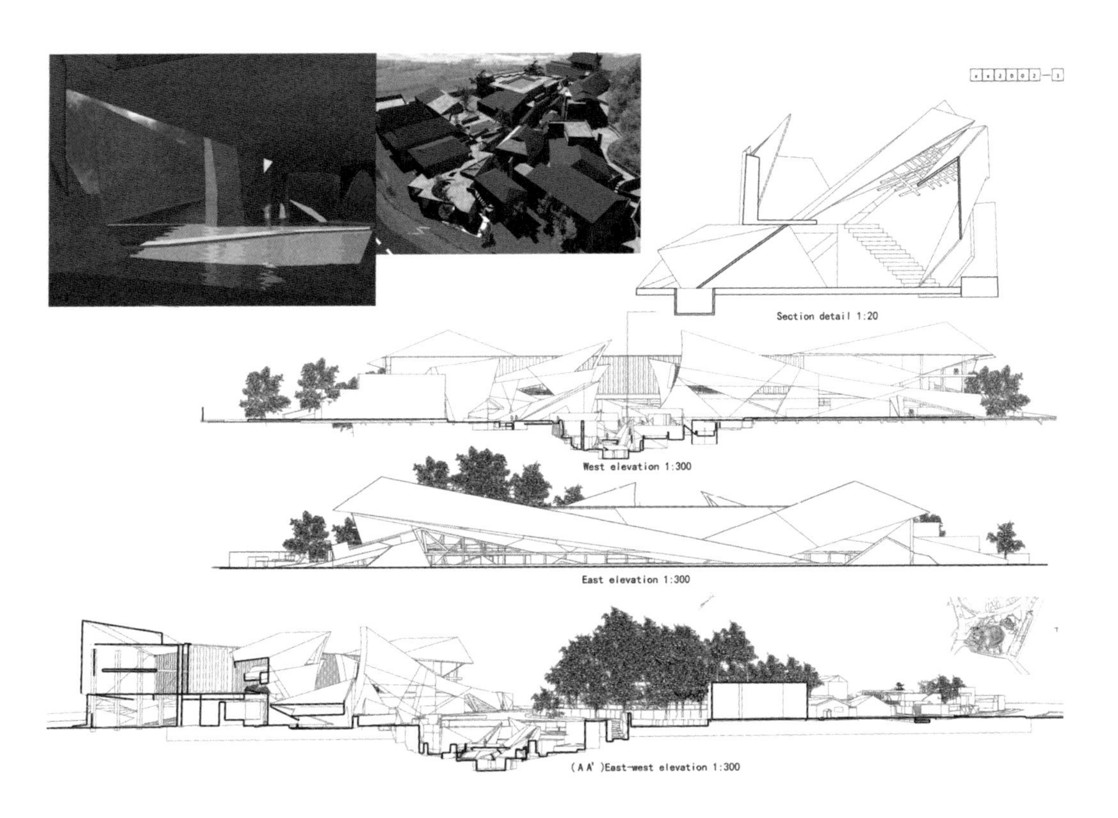

舰桥—基姆•伊莎贝独岛纪念公园设计方案　设计：刘向华　制图：郑克旭、赵军、赵家昆　2017 年

5.4 近期经验转换

很多建筑环境营造的近期经验明明在持续对我们施加影响，但我们却缺少反思它们的能力，尤其是我们太轻易地将大量近期民间鲜活的经验弃之如敝屣。大家看不上眼的破烂，我们是否可以看到新的东西，能够在上面重生。它来自自己脚下的泥土、尊重这个民族即使是最卑微的记忆，而且用自己社会中最底层的人都看得懂的艺术设计语言来阐释它，例如在民族造园经验转换中对“卑微经验”与“红色空间经验”的转换运用。

城市梯田Ⅰ　刘向华　可变尺寸　摄影　2010 年

城市梯田Ⅱ　刘向华　可变尺寸　摄影　2010 年

输液　刘向华　可变尺寸　装置方案　2016 年

中国底层草民挣扎求生成其“卑微经验”，源于充分利用一切手头可得之物以求最低成本存活的求生本能，却与民族造园经验“在有限中寻求无限”的士大夫“卧游”殊途同归。回收利用废弃饮料瓶栽种绿植，并以塑料扎带捆扎组合成假山，瓶中绿植由医用静脉输液设备延时浇灌，一个能够将就凑合下来的生态也是生态。

城市山林 II　刘向华　可变尺寸　装置　2017 年

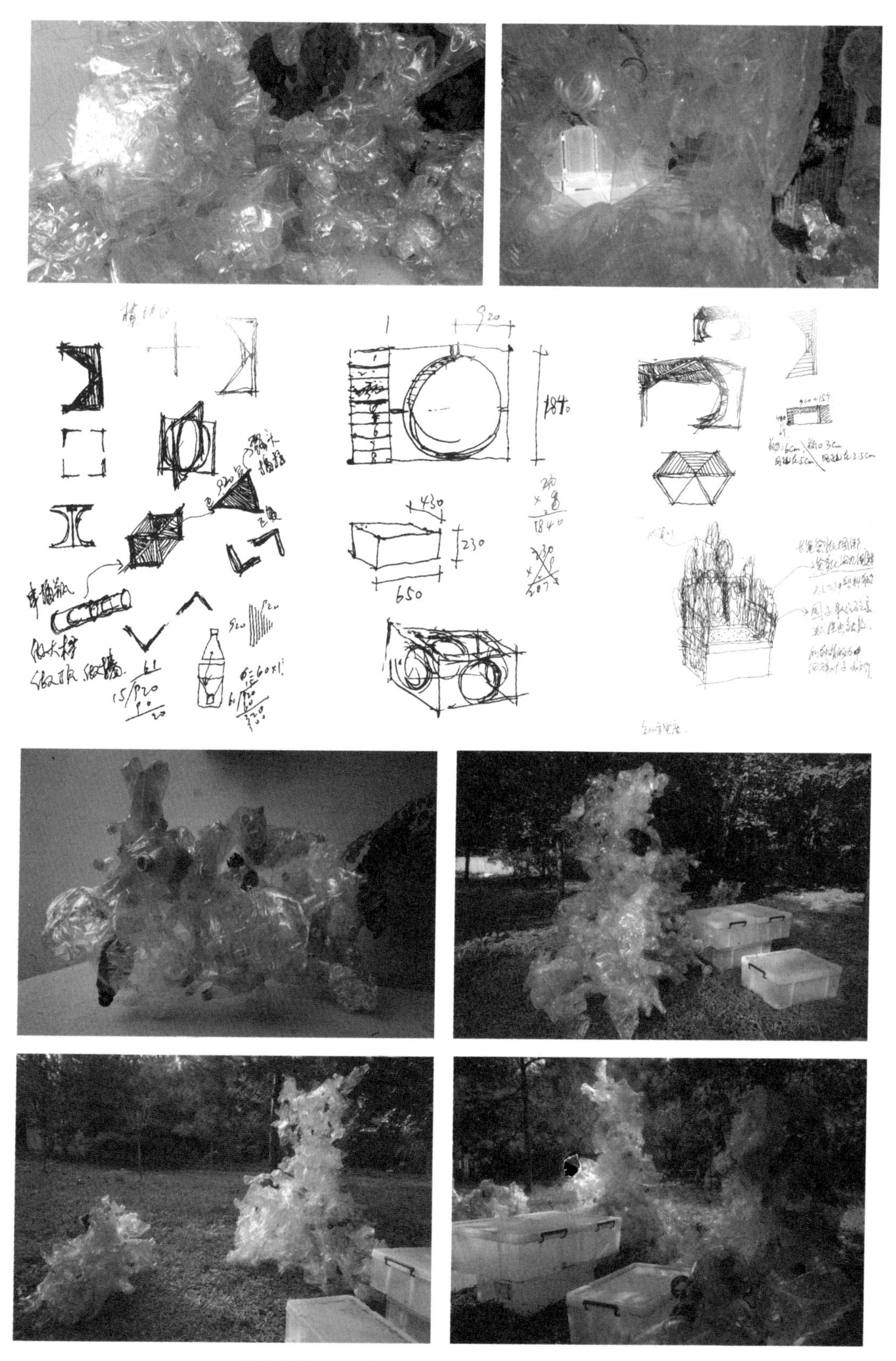

城市山林 II　刘向华　可变尺寸　装置　2017 年

城市山林 II　刘向华　可变尺寸　装置　2017 年

城市山林 II　刘向华　可变尺寸　装置　2017 年

卑微经验

前述“城市山林Ⅱ”方案中对卑微经验已有所谈及，所谓卑微经验意指近期在中国民间涌现的一些“普遍的”建筑园林建造元素和空间模式，比如各地常用的，非常廉价的建筑材料和做法，农村中农民自发修建的农舍和聚落模式等。这种建造中的卑微经验，以非常具体的形式，存在于我们身边，对我们的空间环境有巨大影响。也许因为它们离我们太近，相比经典和传统来说较难被概括为抽象的理念，较难被赋予浪漫的色彩，因此往往被忽略，而它们却是十分有生命力和接地气的建造经验，是走向公民建筑最底层的那块砖。

王澍就曾在他的文章里这样描述过这种来自民间庸常生活的卑微经验对他的启示：“路过我所住小区前的街道，眼前景象让我有点恍惚。街边的房子我拍过，一幢简朴的民国房子，里弄式的排屋，但已经没了院子。……一个师傅正在砌一个洗衣台，下面是清水砖，红砖、青砖夹杂着砌在一起，他就像一位哲学家，明白把两个关键句子分开的细微变化的重要性，一种小小的参差不齐和扭曲，就足以改变一切。……这些居民才是真正的城市居民，我的老师，他们明白建造房屋的目的：为了一种生活世界的再生。”[①]而这种将各种旧砖瓦变换着参差垒砌的做法在后来王澍的建筑作品中层出不穷，是对建筑环境建造中卑微经验转换运用的很好案例。再如林君翰设计的陕西石家村住宅，当中国乡村原本各具特色的地域性建筑沦为由混凝土、墙砖、瓷砖构成的广谱建筑时，此项目将新旧建造技术结合，重申当代乡土建筑材料和建造技术的卑微经验及其智慧。这是一项当代农村乡土调研的产物，代表着一种新的建筑尝试，有意识地将来自乡土建筑的卑微经验逐步融入现代施工中。

路上观察是一种获得建筑环境建造近期经验的有效方法。年轻时研究建筑史的日本人藤森照信并不是一个建筑师，他当时就对日本明治维新以后的西洋建筑做了十年的考察，最后出了本书叫《看板建筑》，就是采用路上观察的方法把每天轧马路收集到的一个个西洋建筑立面汇集而成的；而同一时期美国的建筑师文丘里，去赌城拉斯维加斯看那些赌场、酒店建筑，而后写出了著名的《向拉斯维加斯学习》（Learning from Las Vegas），在枯燥乏味的玻璃盒子建筑主导世界建筑设计的时候掀起了一场建筑界天翻地覆的后现代主义运动，颠覆了美国的现代主义，所以通过路上观察看到的这种看似寻常或不入流的普通低俗乃至卑微的建筑或事物，其实是有很大力量的，是民族造园经验当代转换中的近期经验来源。

---

①王澍，那一天，新浪博客，乐瓦景观，2013-03-21。

“巨型高速”空间经验

“巨型高速”空间经验指20世纪50～70年代社会主义计划经济时代留给今天的一些空间记忆，比如那些运用“社会现实主义”语言的大型公共建筑和公园，以及一些中性、匀质，可被无限复制的厂房、仓库、宿舍等建筑物。在大型公共建筑中，这种空间经验往往呈现出巨型高速的特征，巨型是就其体量尺度而言，高速是指其建造速度。我们只有到人民大会堂现场才能感受它的巨型尺度，有一个案例以另外一种很诡异的方式反衬了它的巨型，那就是1968年各地踊跃“敬建”“毛泽东思想胜利万岁展览馆”运动中以“大会战”模式一年速成的仿人民大会堂建筑——唐山展览馆及广场。其实唐山展览馆及广场在尺度上是“很正常”的、比例适中的公共建筑群，但在人们眼中之所以“小”得多，只是人们脑海中顽固的北京天安门广场及其建筑群的“天下第一”的超人尺度使然。它揭示了在现当代业已形成的近期民族建筑环境空间经验的一个传统：巨型高速。

刘家琨设计的大地震纪念馆，尝试转换人民大会堂这种社会主义现实主义的“巨型高速”空间经验。起伏的地面格网形成对稳定建筑体量的威胁；侧墙面、墙角与正立面的不同处理，他试图进入这种“巨型高速”空间经验的语言传统中，在其内部实现一些批判性的反转。以“巨型高速”空间经验做设计转换的方向是多样的，例如四川美术学院新校区设计艺术馆，以重庆山城聚落和近代重工业建筑空间经验为转换依据，采用“类工业厂房”形态，顺应山势、化整为零，并在建筑中使用很多当地常用、廉价的材料。

中国建筑环境乃至城市设计中巨型高速的传统其实在今日仍在发挥作用，譬如说，CCTV总部大楼就是一个巨型高速的典型案例，其巨型高速的动因与新中国成立初期十大建筑所不同的是在经济的考量上，CCTV总部大楼可以在网络社会世界都市之间的意义竞争中，促成民族国家与全球资本网络的无缝链接。在这个由工业社会迈入全球网络社会的过程中巨型高速的空间经验得以转换并被纳入新的国家民族认同的表意范畴。这是在激烈国际竞争下，依托于国家的民族认同力量，利用建筑与城市空间实现其全球网络之功能与意义竞争的支配性利益的实践。例如全国大中城市近年来新建的交通枢纽建筑，就是其作为网络流动空间门户的意义竞争的显现。

民族造园经验当代转换，尚有许多其他途径手段，例如潜意识的转换途径，见作者专著《城市山林——城市环境艺术民族潜意识图说》由中国建筑工业出版社出版。上述“壶中范式”的当代转换、建构性转换、重组与植入、近期经验转换等民族造园经验当代转换手段，都是在过去部分设计实践基础上的总结，限于作者时间精力，更多大量的调查研究工作还有待人们今后深入去做，此处充其量只能算管中窥豹，起个抛砖引玉的作用。

在当代中国及世界迈入网络社会的过程中，民族造园经验当代转换是一个颇具实践意义和现实价值的探讨课题，还有许多相关理论问题及设计创作方法需要我们去继续探索和发现。

后记

“民族造园经验如何转换”不是什么新问题，却也是艺术设计理论尤其实践中常常不得不面对和寻求解决的实际问题。近十年来牵涉此问题的个人创作实践及教学和理论思考结果汇集而成的这本薄册，也涉及普世价值与民族文化的差异性价值关系问题。科技探索尚且秉持好奇虚心，人文艺术谈何历史终结。现有普世价值下的西方社会实际上也并非完美，社会问题亦层出不穷，历史终结只是妄想。但这么说并不是要非此即彼二元对立，而是说根本上就要抛弃这种非此即彼二元对立的简陋思维模式本身。真理并不来自于寻求对立面，更多情况下人们会发现它只是存在于悖论中。普世价值与民族经验的差异性价值之间不是也不必二元对立。世界各国各民族文化或许既有“文明一元 论”下的“殊途同归”，亦有国家主义民族主义“文化相对论”下的“分道扬镳”。不是也不必只剩一条所谓正确道路，事实上完全可以有很多条很好的路。每个人都是人，这是人的存在之基本事实，不同民族都有贡献好的普世价值的可能，这些普世价值以维特根斯坦“家族类似”的方式存在，有差别但可以相互理解找到公约数，毕竟都还是地球人，相对于外星人，有差别也差别不到哪儿去。好的东西在网络社会迅速传播经过时间的沉淀普及开来，不同文化之间杂糅共存“和而不同”，是保有不同互补互动的进一步演进之生机，也正是艺术与设计本身求同存异的创造性要求，物来顺应是个好主意。

这本薄册内的主要内容，是又一个过去十年个人实践教学研究累积的结果。这并不是一个多么新奇的题目，却也是身处的这个古老文明在日益全球化网络化进程中人们日常必然面对的真实问题。每一代人都是被其所处时代制约，只能做时代所赋予他的事情，并且还不一定能做好，即使尽力而为，也只是抛砖引玉。而这一切，都还是因为仍持有希望，即使是灰烬之上的生机。